国家"十三五"重点规划图书

"识标准 知生活"全民标准知识普及丛书

U0335925

茶杯里的知识

（第二版）

李江华 主编

中国质检出版社

中国标准出版社

北京

图书在版编目（CIP）数据

茶杯里的知识 / 李江华主编 . —2 版 . —北京：
中国标准出版社，2018.1（2022.12 重印）
（"识标准　知生活"全民标准知识普及丛书 / 中国标准出版
社组织编写）
ISBN 978-7-5066-8770-6

Ⅰ.①茶… Ⅱ.①李… Ⅲ.①茶叶－基本知识 Ⅳ.① TS272.5

中国版本图书馆 CIP 数据核字 (2017) 第 270341 号

中国质检出版社
中国标准出版社　出版发行
北京市朝阳区和平里西街甲 2 号 (100029)
北京市西城区三里河北街 16 号 (100045)
网址：www.spc.net.cn
总编室：(010)68533533 发行中心：(010)51780238
读者服务部：(010)68523946
北京博海升彩色印刷有限公司印刷
各地新华书店经销

＊

开本 880×1230 1/ 32　印张 5.125　字数 106 千字
2018 年 1 月第二版　2022 年 12 月第三次印刷

＊

定价　25.00　元

茶杯里的知识
（第二版）
编委会

主　编

李江华

副主编

徐　然

编写人员

王雪琪　　吕　杰

李佳洁　　郭林宇

张格格　　司丁华

张　鹏　　孙晓宇

茶杯里的知识
（第一版）
编委会

主 编

李江华

编写人员

徐 然　　刘冰晶

郭林宇　　李佳洁

幸汐媛　　王梦娟

徐 烨

前言
（第二版）

开门七件事："柴、米、油、盐、酱、醋、茶"。茶已成为我国人民的普遍饮品和生活必需品，在少数民族的生活中更是"不可一日无茶"。我国是世界上最早发现和利用茶的国家，也是茶树资源最为丰富的国家。世界各国引种的茶树、使用的栽培管理方法、采取的茶叶制作技术以及茶叶的品饮习俗等，都源于我国。我国的茶叶种类之多，制茶方法之巧，茶叶质量和风味之优都是世界上独一无二的。随着现代科学技术的发展，人们越来越深刻地认识到茶叶对人体健康的作用；随着生活水平的提高，人们越来越重视茶叶对人体健康的保健功效；随着人们对生活质量要求的不断提高，越来越多的人追求茶叶的高质量和饮茶的安全性；而以茶代酒、以茶会友、敬茶传谊则更是随处可见。茶已经成为现代人们追求生活质量和精神愉悦不可或缺的载体。为此，我们编撰了《茶杯里的知识》这本小册子。

《茶杯里的知识》第一版问世后赢得了读者的广泛好评。但自2013年10月出版至今，我国又陆续制定和修订了许多茶叶方面的标准，既有茶叶分类等基础标准，也有乌龙茶和黑茶等产品标准，尤其是对茶叶的安全指标中的污染物和农药残留限量有了更严格的食品安全国家标准要求，为此我们归纳并整理了近几年新制定和修订的标准，将其中的相关内容编撰入稿，对《茶杯里的知识》第一版进行了修订。

《茶杯里的知识》第二版用丰富的图画和实例以及生动的语言，分"识茶""辨茶""饮茶""品茶"四个章节讲解了"茶杯里的知识"。"识茶"和"辨茶"两章以我国颁布的茶叶标准为基础，深入浅出地介绍了茶叶的基本知识以及茶叶的品质与安全、鉴别与贮藏等方面的知识，指导百姓科学消费；"饮茶"和"品茶"两章结合饮茶的保健知识和茶文化，为消费者答疑解惑。了解标准和认识标准，可以帮助普通消费者科学合理地选购茶叶和饮用茶叶，茶叶才能真正起到有利于身心健康的作用。希望本书成为寻常百姓家庭必备的"茶叶知识速读本"。

　　囿于编者的水平有限，书中难免不当之处，敬请读者批评指正。

编者

2017年12月

前言
（第一版）

我国是世界上最早种植茶和饮用茶的国家，我国人民在长期的生产和实践中积累了丰富的制茶经验，也形成了多种多样的饮茶习俗。中国茶的种类之繁多，制茶方法之精巧，品质之优良都是世界上独一无二的。随着现代科学技术的发展和生活水平的提高，人们逐渐认识到茶对人体健康的保健功效，越来越讲究茶的品质和饮茶的安全性。茶已成为现代人们以茶代酒、以茶会友、敬茶传谊的茶文化载体。

本书用丰富的图画和实例以及生动的语言，分"识茶""辨茶""饮茶""品茶"四个章节讲解了"茶杯里的知识"。"识茶"和"辨茶"两章以近些年我国颁布的茶叶标准为基础，深入浅出地介绍了茶叶的基本知识，以及茶的品质与安全、鉴别与贮藏等方面的知识，指导百姓科学消费；"饮茶"和"品茶"两章结合饮茶的保健知识和茶文化，为消费者答疑解惑。本书是寻常百姓家庭的实用"茶叶知识手册"。

囿于编者的水平有限，书中如有不当之处，敬请读者批评指正。

编者
2013年9月

目 录

辨茶

饮茶

品茶 品出文化味儿

梅香深沁雪煎茶——泡茶饮茶的习俗与讲究

 茶的基本知识

　　中国茶如何分类？我国茶区怎么划分？六大茶类各有什么特点，如何选购？不同时令的茶有什么特色？这一章，我们带您一起来"识茶"。

国有香茗
初未识
——认识中国茶

中国茶叶是如何分类的？

中国是茶的原产地。古时从帝王将相到贩夫走卒，无不以茶为好；如今茶更是成为国人日常生活不可或缺的一部分。在千年大环境的孕育下，中国茶叶迸发出勃勃生机：名茶不下百种、条索千姿百态、茶色纷繁艳丽、制作工序各异……这些茶是如何分类的呢？

根据GB/T 30766—2014《茶叶分类》，目前我国的茶叶主要分为绿茶、红茶、黄茶、白茶、乌龙茶、黑茶和再加工茶几类。茶叶的分类主要是依据加工工艺和产品特征，再结合茶树品种、鲜叶原料和生产地域来进行划分的。

| 绿茶 | 红茶 | 青茶 | 白茶 | 黄茶 | 黑茶 |

再加工茶是以绿茶、红茶、黄茶、白茶、乌龙茶和黑茶为原料，进行熏制和压制等再加工工艺后形成的茶叶产品，主要包括花茶、紧压茶、袋泡茶和粉茶等。

茶树有
哪些类型？

　　我国茶树的栽培已有几千年的历史。在云南普洱有棵13m高的"茶树王"，是现存最古老的人工栽培茶树，已有1700岁"高龄"。栽培茶树，并取茶叶为饮，是我国劳动人民智慧的结晶。

K _nowledge_ 什么是茶树？

　　茶树是多年生木本常绿植物，在植物分类系统中属被子植物门，双子叶植物纲，原始花被亚纲，山茶目，山茶科，山茶属。茶树主要有3种类型：即乔木型大叶种(野生大茶树)、半乔木型中大叶种、灌木型中小叶种。

灌木型中小叶种茶树

中国的茶叶产区是如何划分的？

我国茶叶主产南方。然而从气候宜人的江北平原，到温暖湿润的华南丘陵，再到崇山峻岭的云贵高原，不同茶区生长的茶树品种各异，所产茶叶品质也不同，各具特色。

*K*nowledge
什么是茶叶产区？

茶叶产区是自然、经济条件基本一致，茶树品种、栽培、茶叶加工特点以及今后茶叶生产发展任务相似，按一定的行政隶属关系组合而成的区域。

中国的茶叶产区范围是北纬18°～37°，东经94°～122°，茶树种植从距海平面几十米或百米到海拔2600m以上，均构成了土壤、水热和植被等方面的明显差异，在不同的茶叶产区，生长着不同类型和不同品种的茶树，从而决定了适合制茶的种类和茶叶的品质，也就形成了各种茶类。

全国分四大茶区：即西南茶区、华南茶区、江南茶区和江北茶区。西南茶区位于中国西南部，主要生产红茶、黑茶等；华南茶区位于中国南部，生产乌龙茶、红茶、白茶、黑茶等；江南茶区位于中国长江中、下游南部，为中国茶叶主要产区，以生产名优绿茶为主；江北茶区位于长江中、下游北岸，主要生产绿茶。

国内外的
茶叶组织有哪些？

如今,饮茶在全球范围内流行,茶叶在国际间的流通也非常频繁。国内外均成立了一些或官方、或民间的茶叶组织,进行茶树资源的栽培开发、茶叶质量指标和卫生指标的设立、协调茶叶生产和贸易、促进茶叶消费等方面的工作。

国际性茶叶组织

联合国粮农组织茶叶协商小组

总部设在意大利首都罗马,1969年10月由联合国粮农组织商品委员会建立,是一个协调世界茶叶生产、促进茶叶消费、稳定茶叶价格的国际性茶叶组织。

国际茶叶委员会

1955年成立,总部设在英国伦敦。现由印度、斯里兰卡、印度尼西亚、孟加拉、马拉维、肯尼亚和莫桑比克等产茶国政府代表和英国、澳大利亚、加拿大、津巴布韦茶叶协会以及欧洲茶叶委员会的代表组成,并分担经费。其任务为收集和出版有关茶叶生产、进出口和茶园面积等世界性统计资料,每年出版1期《茶叶统计年报》。

 欧洲茶叶委员会

　　欧盟国家建立的一个半官方、半民间的跨国组织，总部设在德国汉堡。其任务为协调和检验欧盟内国家的茶叶质量指标（如咖啡碱、水份含量、灰分、茶红素、茶黄素等）和卫生指标（农药残留、重金属含量等），制定茶叶的标准和农药最高残留限量的标准。

国内茶叶组织

　　我国的茶叶组织主要包括全国性的、省级的和其他的一些机构。全国性的茶叶研究机构主要有中国农业科学院茶叶研究所和中华全国供销合作总社杭州茶叶研究院。

中国农业科学院茶叶研究所

　　1958年设立于杭州，主要从事茶树种质资源与新品种选育、高产优质栽培、茶叶品质与制茶技术、新产品开发、茶树病虫害防治、茶树生理、制茶生化、茶叶机械以及茶叶的综合利用等方面的研究。

中华全国供销合作总社杭州茶叶研究院

原名商业部杭州茶叶加工研究所,1978年在杭州建立,主要从事茶叶加工和设备的设计及组装、茶叶品质、新产品研制以及茶叶标准化等方面的研究。

省级的茶叶研究机构主要有安徽省农业科学院祁门茶叶研究所、广东省农业科学院茶叶研究所、湖南省茶叶研究所、贵州省茶叶科学研究所、四川省农业科学院茶叶研究所、云南省农业科学院茶叶研究所、福建省农业科学院茶叶研究所、广西壮族自治区桂林茶叶研究所、江西省农业科学院茶叶研究所、湖北省农业科学院果茶研究所、重庆市农业科学院茶叶研究所、江苏无锡市茶叶品种研究所以及浙江杭州市农业科学院茶叶研究所等。

此外还有一些较为知名的茶叶机构:如中国茶叶学会、中国茶叶流通协会、吴觉农茶学思想研究会、中国国际茶文化研究会、中华茶人联谊会、湖州陆羽茶文化研究会、台湾陆羽茶艺中心、杭州茶人之家和华侨茶业发展基金会等。

碧色清新
味醇和
——绿茶

什么是绿茶，
绿茶有哪些种类？

绿茶是我国产量最大、花色品种最多的茶类，我国传统的眉茶和珠茶以香高、味醇、形美和耐冲泡而深受欢迎。

Standard
什么是绿茶？

根据GB/T 14456.1—2008《绿茶 第1部分：基本要求》，绿茶是以茶树（*Camellia sinensis* L.O.kunts）的芽、叶、嫩茎为原料，经杀青、揉捻、干燥等工序而制成的。

绿茶是一种未发酵茶。它较多地保留了鲜叶的天然物质，其干茶色泽和冲泡后的茶汤、叶底都以绿色为主调，这也是绿茶得名的原因。

根据加工工艺的不同，绿茶可分为炒青绿茶、烘青绿茶、晒青绿茶和蒸青绿茶；根据采自茶树品种的不同，又可分为大叶种绿茶和小叶种绿茶等。

炒青绿茶

炒青绿茶是鲜叶用锅炒或滚筒高温杀青，经揉捻、干燥等工艺制成的，如西湖龙井、洞庭碧螺春和信阳毛尖等。

烘青绿茶

烘青绿茶是鲜叶高温杀青后，经揉捻、全烘干等工艺制成的，如黄山毛峰和太平猴魁等。

晒青绿茶

晒青绿茶是鲜叶高温杀青后，经揉捻、日晒干燥等工艺制成的，大多是用作制造紧压茶的原料，如普洱茶等。

蒸青绿茶

蒸青绿茶是鲜叶用蒸汽杀青后，经揉捻、干燥等工艺制成的，是我国古代最早发明的一种茶，有"色绿、汤绿、叶绿"的三绿特点，如煎茶和恩施玉露等。

绿茶
有什么功效？

我国绿茶中,名品最多,自古被誉为"国饮"。绿茶是一种未发酵茶,这种加工方式不仅赋予它清汤绿叶的观感和清新醇和的口感,更赋予它与众不同的功效。

绿茶最大的特点是较多地保留了鲜叶中的营养物质。由于未经过发酵,茶叶中的"黄金成分"茶多酚、咖啡碱能够保留85%以上,叶绿素保留50%以上,维生素C的损失也较少。科学研究表明,绿茶中保留的天然物质成分,对防癌、抗衰、消炎、杀菌等具有特殊效果,为其他茶类所不能及。

高含量的茶多酚

延缓衰老、防癌抗癌、消炎、抑制和抵抗病毒细菌、抑制心脑血管疾病、预防和治疗辐射伤害、美容护肤。

高含量的咖啡碱
提神醒脑、利尿解乏、降脂助消化。

高含量的维生素C
抗衰老、明目、解烟、醒酒。

如何选购龙井茶？

龙井茶产于浙江省杭州市的西湖区，又称西湖龙井。龙井茶是茶叶之珍品，其外形扁平光滑，色泽翠绿，香馥如兰，滋味甘醇鲜爽，素有"色绿、香郁、味醇、形美"四绝。选购龙井茶时，先从干茶的条索、色泽、整碎和净度上加以辨别，然后再冲泡茶叶，通过闻香气、尝滋味、看汤色和叶底来进一步作出判断。根据GB/T 18650—2008《地理标志产品　龙井茶》，龙井茶按感官品质分为特级、一级、二级、三级、四级、五级，各级别龙井茶的感官指标见表1，可参考龙井茶的感官品质指标来选购。

表1 龙井茶的感官指标

项目		特级	一级	二级	三级	四级	五级
外形	条索	扁平光润，挺直尖削	扁平光滑尚润，挺直	扁平挺直，尚光滑	扁平，尚光滑，尚挺直	扁平，稍有宽扁条	尚扁平，有宽扁条
	色泽	嫩绿鲜润	嫩绿尚鲜润	绿润	尚绿润	绿稍深	深绿较暗
	整碎	匀整重实	匀整有锋	匀整	尚匀整	较匀	尚整
	净度	匀净	洁净	尚洁净	尚洁净	稍有青黄片	有青壳碎片
内质	香气	清香持久	清香尚持久	清香	尚清香	纯正	平和
	滋味	鲜醇甘爽	鲜醇爽口	尚鲜	尚醇	尚醇	尚纯正
	汤色	嫩绿明亮、清澈	嫩绿明亮	绿明亮	尚绿明亮	黄绿明亮	黄绿
	叶底	芽叶细嫩成朵、匀齐、嫩绿明亮	细嫩成朵、嫩绿明亮	尚细嫩成朵、绿明亮	尚成朵、有嫩单片、浅绿尚明亮	尚嫩匀稍有青张、尚绿明	尚嫩欠匀，稍有青张，绿稍深

如何选购
洞庭（山）碧螺春茶？

　　洞庭（山）碧螺春茶主产于江苏省苏州太湖的洞庭山。洞庭（山）碧螺春茶是我国名茶中的珍品，其条索纤细、卷曲成螺，满身披毫，银白隐翠，香气浓郁，滋味鲜醇甘厚，汤色碧绿清澈，叶底嫩绿明亮，有"形美、色艳、香浓、味醇"四绝。选购洞庭（山）碧螺春茶时，先从干茶的条索、色泽、整碎和净度上加以辨别，然后再冲泡茶叶，通过闻香气、尝滋味、看汤色和叶底来进一步作出判断。根据GB/T 18957—2008《地理标志产品　洞庭（山）碧螺春茶》，洞庭（山）碧螺春茶按感官品质分为特级一等、特级二等、一级、二级、三级，各级别洞庭（山）碧螺春茶的感官指标见表2，可参考洞庭（山）碧螺春茶的感官品质指标选购。

表2　洞庭（山）碧螺春茶的感官指标

项目		特级一等	特级二等	一级	二级	三级
外形	条索	纤细、卷曲呈螺、满身披毫	较纤细、卷曲呈螺、满身披毫	尚纤细、卷曲呈螺、白毫披覆	紧细、卷曲呈螺、白毫显露	尚紧细、尚卷曲呈螺、尚显白毫
	色泽	银绿隐翠鲜润	银绿隐翠较鲜润	银绿隐翠	绿润	尚绿润
	整碎	匀整	匀整	匀整	匀尚整	匀尚整
	净度	洁净	洁净	匀净	匀，尚净	尚净、有单张
内质	香气	嫩香清鲜	嫩香清鲜	嫩爽清香	清香	纯正
	滋味	清鲜甘醇	清鲜甘醇	鲜醇	鲜醇	鲜醇
	汤色	嫩绿鲜亮	嫩绿鲜亮	绿明亮	绿尚明亮	绿尚明亮
	叶底	幼嫩多芽、嫩绿鲜活	幼嫩多芽、嫩绿鲜活	嫩、绿明亮	嫩、略含单张绿明亮	尚嫩、含单张绿尚亮

如何选购
黄山毛峰茶？

　　黄山毛峰茶产于安徽省的黄山。黄山毛峰茶属细嫩烘青绿茶，特级黄山毛峰茶的品质极优，其形似雀舌，匀齐壮实，峰毫显露，色如象牙，清香高长，滋味鲜浓、醇厚、甘甜，叶底嫩黄，肥壮成朵。选购黄山毛峰茶时，先从干茶的条索、色泽、整碎和净度上加以辨别，然后再冲泡茶叶，通过闻香气、尝滋味、看汤色和叶底来进一步作出判断。根据GB/T 19460—2008《地理标志产品　黄山毛峰茶》，黄山毛峰茶按感官品质分为特级一等、特级二等、特级三等、一级、二级、三级，各级别黄山毛峰茶的感官指标见表3，可参考黄山毛峰茶的感官品质指标来选购。

表 3 黄山毛峰茶的感官指标

项目		特级一等	特级二等	特级三等	一级	二级	三级
外形	条索	芽头肥壮，形似雀舌，毫显	芽头较肥壮，形似雀舌，毫显	芽头尚肥壮，毫显	芽叶肥壮，条微卷	芽叶较肥壮，显芽毫	芽叶尚肥，条略卷
	色泽	嫩绿泛象牙色，有金黄片	嫩绿润	绿润	绿润	较绿润	尚绿润
	整碎	匀齐	较匀齐	尚匀齐	匀齐隐毫	较匀整	尚匀
内质	香气	嫩香馥郁持久	嫩香高长	嫩香	清香	清香	清香
	滋味	鲜醇爽回甘	鲜醇爽	较鲜醇爽	鲜醇	醇厚	尚醇厚
	汤色	嫩绿清澈鲜亮	嫩绿清澈明亮	嫩绿明亮	嫩黄绿亮	黄绿亮	黄绿尚亮
	叶底	嫩黄，匀亮鲜活	嫩黄，明亮	嫩黄，明亮	较嫩匀，黄绿亮	较嫩匀，黄绿亮	尚匀，黄绿

如何选购
信阳毛尖茶?

信阳毛尖茶产于河南省的信阳地区。信阳毛尖茶的外形细、圆、紧、直、多白毫，内质清香，汤绿味浓。选购信阳毛尖茶时，先从干茶的条索、色泽、整碎和净度上加以辨别，然后再冲泡茶叶，通过闻香气、尝滋味、看汤色和叶底来进一步作出判断。根据GB/T 22737—2008《地理标志产品 信阳毛尖茶》，信阳毛尖茶按感官品质分为珍品、特级、一级、二级、三级、四级，各级别信阳毛尖茶的感官指标见表4，可参考信阳毛尖茶的感官品质指标来选购。

表4 信阳毛尖茶的感官指标

项目		珍品	特级	一级	二级	三级	四级
外形	条索	紧秀圆直	细圆紧尚直	圆尚直尚紧细	尚直较紧	尚紧直	尚紧直
	色泽	嫩绿多白毫	嫩绿显白毫	绿润有白毫	稍绿润稍有白毫	深绿	深绿
	整碎	匀整	匀整	较匀整	较匀整	尚匀整	尚匀整
	净度	净	净	净	尚净	尚净	稍有茎片
内质	香气	嫩香持久	清香高长	栗香或清香	纯正	纯正	尚纯正
	滋味	鲜爽	鲜爽	醇厚	较醇厚	较浓	浓略涩
	汤色	嫩绿明亮	嫩绿明亮	绿明亮	绿尚亮	黄绿尚亮	黄绿
	叶底	嫩绿鲜活匀亮	嫩绿明亮匀整	绿尚亮尚匀整	绿较匀整	绿较匀	绿欠亮

如何选购
太平猴魁茶？

　　太平猴魁茶主产于安徽省黄山市黄山区。太平猴魁茶的外形是两叶抱芽,平扁挺直,白毫隐伏,叶色苍绿匀润,叶脉绿中隐红（俗称红丝线）,滋味甘醇,香味有独特的"猴韵"。选购太平猴魁茶时,先从干茶的条索、色泽、整碎和净度上加以辨别,然后再冲泡茶叶,通过闻香气、尝滋味、看汤色和叶底来进一步作出判断。根据GB/T 19698—2008《地理标志产品　太平猴魁茶》,太平猴魁茶按感官品质分为极品、特级、一级、二级、三级,各级别太平猴魁茶的感官指标见表5,可参考太平猴魁茶的感官品质指标来选购。

表5 太平猴魁茶的感官指标

项目		级品	特级	一级	二级	三级
外形	条索	扁展挺直,魁伟壮实,两叶抱一芽	扁平壮实,两叶抱一芽	扁平重实,两叶抱一芽	扁平,两叶抱一芽,少量单片	两叶抱一芽少数翘散,少量断碎
	色泽	毫多不显,苍绿匀润,部分主脉暗红	毫多不显,苍绿较匀润,部分主脉暗红	毫隐不显,苍绿较匀润,部分主脉暗红润	毫不显,绿润	有毫,尚绿润
	整碎	匀齐	匀齐	匀整	尚匀整	尚匀整
内质	香气	鲜灵高爽,兰花香持久	鲜嫩清高,有兰花香	清高	尚清高	清香
	滋味	鲜爽醇厚,回味甘甜,独具"猴韵"	鲜爽醇厚,回味甘甜,有"猴韵"	鲜爽回甘	醇厚甘甜	醇厚
	汤色	嫩绿清澈明亮	嫩绿明亮	嫩黄绿明亮	黄绿明亮	黄绿尚明亮
	叶底	嫩匀肥壮,成朵,嫩黄绿鲜亮	嫩匀肥厚,成朵,嫩黄绿匀亮	嫩匀,成朵,黄绿明亮	尚嫩匀,成朵、少量单片,黄绿明亮	尚嫩欠匀,成朵、少量断碎,黄绿亮

如何选购庐山云雾茶？

庐山云雾茶产于江西省庐山，左图为庐山云雾茶园。庐山云雾茶的条索紧结重实，饱满秀丽，色泽碧嫩光滑，芽隐绿，香气芬芳、高长、锐鲜，汤色绿而透明，滋味爽快，浓醇鲜甘，以"味醇、色秀、香馨、液清"而久负盛名。选购庐山云雾茶时，先从干茶的条索、色泽、整碎和净度上加以辨别，然后再冲泡茶叶，通过闻香气、尝滋味、看汤色和叶底来进一步作出判断。根据GB/T 21003—2007《地理标志产品 庐山云雾茶》，庐山云雾茶按感官品质分为特级、一级、二级、三级，各级别庐山云雾茶的感官指标见表6，可参考庐山云雾茶的感官品质指标来选购。

表6 庐山云雾茶的感官指标

项目		特级	一级	二级	三级
外形	条索	紧细显锋苗	紧细有锋苗	紧实	尚紧实
	色泽	绿润	尚绿润	绿	深绿
	整碎	匀齐	匀整	尚匀整	尚匀整
	净度	洁净	净	尚净	有单张
内质	香气	清香持久	清香	尚清香	纯正
	滋味	鲜醇回甘	醇厚	尚醇	尚浓
	汤色	嫩绿明亮	绿明亮	绿尚亮	黄绿尚亮
	叶底	细嫩匀整	嫩匀	尚嫩	绿尚匀

如何选购
雨花茶?

雨花茶主产于江苏省南京市的中山陵、雨花台烈士陵园以及周边的区(县)。紧、直、绿、匀是雨花茶的品质特色。雨花茶的条索紧直似松针,茸毫显露,香气浓郁高雅,滋味鲜醇,汤色绿而清亮。选购雨花茶时,先从干茶的条索、色泽、整碎和净度上加以辨别,然后再冲泡茶叶,通过闻香气、尝滋味、看汤色和叶底来进一步作出判断。根据GB/T 20605—2006《地理标志产品 雨花茶》,雨花茶按感官品质分为特级一等、特级二等、一级、二级,各级别雨花茶的感官指标参见表7,可参考雨花茶的感官品质指标来选购。

表7 雨花茶的感官指标

项目		特级一等	特级二等	一级	二级
外形	条索	形似松针,紧细圆直,锋苗挺秀,白毫略显	形似松针,紧细圆直,白毫略显	形似松针,紧直,略含扁条	形似松针,紧直,含扁条
	色泽	绿润	绿润	绿尚润	绿
	整碎	匀整	匀整	尚匀整	尚匀整
	净度	洁净	洁净	洁净	洁净
内质	香气	清香高长	清香	尚清香	尚清香
	滋味	鲜醇甘爽	鲜醇	鲜尚醇	尚鲜醇
	汤色	嫩绿明亮	嫩绿明亮	绿明亮	绿尚亮
	叶底	嫩绿明亮	嫩绿明亮	绿明亮	绿尚亮

明艳甘醇
香隽永
——红茶

什么是红茶，
红茶有哪些种类？

红茶是一种全发酵茶，由于经过萎凋、发酵等工艺，茶多酚被氧化成了茶黄素和茶红素等物质，具有红汤、红叶和醇香隽永的特点，也因此而得名。

Standard
什么是红茶？

根据GB/T 13738红茶系列标准，红茶是以茶树(*Camellia sinensis* L.O.kunts)的芽、叶、嫩茎为原料，经萎凋、揉捻、发酵和干燥工艺制成的，分为红碎茶、工夫红茶和小种红茶。

红碎茶

红碎茶是以茶树的芽、叶、嫩茎为原料，经萎凋、揉切、发酵和干燥等工艺制成的，分为大叶种红碎茶和小叶种红碎茶两个品种。红碎茶因外形细碎而得名，为便于饮用，常把一杯量的红碎茶装袋制成袋泡茶，适宜一次冲泡后加糖加奶饮用。

工夫红茶

工夫红茶是以茶树的芽、叶、嫩茎为原料，经萎凋、揉捻、发酵和干燥和精制加工工艺制成的，依据茶树品种和产品要求不同，分为大叶种工夫和小叶种工夫两种产品。

其中产于安徽祁门一带的祁红，具有独特的类似玫瑰花香（甜花香），被誉为"祁门香"；产于云南的滇红，滋味浓醇，也是享有很高声誉的工夫红茶。

小种红茶

小种红茶最早创制于福建崇安（今武夷山市），是福建省的特有产品，品质特征是红汤红叶、有松烟香，味似桂圆汤，其特

有的松烟香是用松烟焙干茶叶时而吸收的。主要有正山小种、外山小种和烟小种等。

红茶
有什么功效？

全发酵的工艺过程不仅使红茶香气浓郁独特,更让茶的功效发生了神奇的变化。这主要是发酵过程使鲜叶中对胃具有刺激性的茶多酚物质减少了90%以上,产生了茶黄素、茶红素等新的保健成分。发酵的过程还令红茶由性凉转为性温,对广大女性的身体调理具有独特作用。

暖胃养胃

　　红茶性温,可养人体阳气。红茶可驱寒、具有暖胃的功效,适宜脾胃虚弱的人饮用。

降糖降脂利尿

　　茶红素和茶黄素等茶色素可降低血液中胆固醇的含量,预防心血管疾病。

改善骨质疏松

　　茶黄素等具有抑制破坏骨细胞物质的活力。

如何选购
滇红工夫茶？

　　滇红工夫红茶产于云南省境内。滇红工夫红茶属大叶工夫产品,以外形肥硕紧实,金毫显露,香高味醇的品质特征著称。选购滇红工夫红茶时,先从干茶的条索、色泽、整碎和净度上加以辨别,然后再冲泡茶叶,通过闻香气、尝滋味、看汤色和叶底来进一步判断。根据GB/T 13738.2—2008《红茶　第2部分:工夫红茶》,大叶工夫产品有特级、一级、二级、三级、四级、五级、六级之分,其感官指标见表8,在选购滇红工夫红茶时可参考大叶工夫产品的感官品质指标。

表8 大叶工夫产品的感官指标

项目		特级	一级	二级	三级	四级	五级	六级
外形	条索	肥壮紧结多锋苗	肥壮紧结有锋苗	肥壮紧实	紧实	尚紧实	稍松	粗松
	整碎	匀齐	较匀齐	匀整	较匀整	尚匀整	尚匀	欠匀
	净度	净	较净	尚净稍,有嫩茎	尚净有筋梗	有梗朴	多梗朴	多梗多朴片
	色泽	乌褐油润,金毫显露	乌褐润,多金毫	乌褐尚润,有金毫	乌褐,稍有毫	褐欠润,略有毫	棕褐稍花	棕稍枯
内质	香气	甜香浓郁	甜香浓	香浓	纯正尚浓	纯正	尚纯	稍粗
	滋味	鲜浓醇厚	鲜醇较浓	醇浓	醇尚浓	尚浓	尚浓略涩	稍粗涩
	汤色	红艳	红尚艳	红亮	较红亮	红尚亮	红欠亮	红稍暗
	叶底	肥嫩多芽红匀明亮	肥嫩有芽,红匀亮	柔嫩红尚亮	尚软尚红亮	尚软尚红	稍粗尚红稍暗	粗,花杂

如何选购
祁门工夫红茶？

　　祁门工夫红茶主产于安徽省祁门县。祁门工夫红茶属中小叶工夫产品，是我国工夫红茶中的珍品，以外形苗秀，色有"宝光"，香气浓郁而著称，在国内外享有盛誉。选购祁门工夫红茶时，先从干茶的条索、色泽、整碎和净度上加以辨别，然后再冲泡茶叶，通过闻香气、尝滋味、看汤色和叶底来进一步作出判断。根据GB/T 13738.2—2008《红茶　第2部分：工夫红茶》，中小叶工夫产品有特级、一级、二级、三级、四级、五级、六级之分，其感官指标见表9，在选购祁门工夫红茶时可参考中小叶工夫产品的感官品质指标。

表 9 中小叶工夫产品的感官指标

项目		特级	一级	二级	三级	四级	五级	六级
外形	条索	细紧多锋苗	紧细有锋苗	紧细	尚紧细	尚紧	稍粗	较粗松
	整碎	匀齐	较匀齐	匀整	较匀整	尚匀整	尚匀	欠匀
	净度	净	较净含嫩茎	尚净有嫩茎	尚净稍有筋梗	有梗朴	多梗朴	多梗多朴片
	色泽	乌黑油润	乌润	乌尚润	尚乌润	尚乌稍灰	棕黑稍花	棕稍枯
内质	香气	鲜嫩甜香	嫩甜香	甜香	纯正	平正	稍粗	粗
	滋味	醇厚甘爽	醇厚爽口	醇和尚爽	醇和	纯和	稍粗	较粗淡
	汤色	红明亮	红亮	红明	红尚明	尚红	稍红暗	暗红
	叶底	细嫩显芽红匀亮	匀嫩有芽红亮	嫩匀红尚亮	尚嫩匀尚红亮	尚匀尚红	稍粗硬尚红稍花	粗硬红暗花杂

23

什么是乌龙茶，
乌龙茶有哪些种类？

拥有透明琥珀色茶汤的乌龙茶，是我国几大茶类中独具鲜明特色的品类。据传说，乌龙茶是雍正年间福建安溪一名被称作"乌龙"的退隐将军偶然制得。当时乌龙将军采茶半路追猎物，却忘记了茶叶。翌日清晨想起炒茶时，带回的茶叶已镶上一层红边，制好的茶却更加香气逼人，颇具有几分传奇色彩。

Standard
什么是乌龙茶？

根据GB/T 30357.1—2013《乌龙茶　第1部分：基本要求》，乌龙茶是以山茶属茶种茶树[Camellia sinensis(Linnaeus) O.Kuntze]的叶子、驻芽和嫩梢，依次经适度萎凋、做青、杀青、揉捻(包揉)、干燥等独特工序加工而成的，具有特定品质特征的产品。根据茶树品种不同，分为铁观音、黄金桂、水仙、肉桂、单枞、佛手、大红袍等产品。

除GB/T 30357乌龙茶系列标准之外，我国还制定了一些乌龙茶原产地域标准，目前已颁布的有GB/T 18745—2006《地理标志产品 武夷岩茶》和GB/T 19598—2006《地理标志产品 安溪铁观音》等。

好的乌龙茶冲泡后有如梅似兰的幽香,这种特有的花香和果香是由茶树的品种、气候以及独特的工艺而引发的。乌龙茶主要包括闽北乌龙、闽南乌龙、广东乌龙和台湾乌龙。

闽北乌龙

闽北乌龙产于福建北部的武夷山一带,主要是武夷岩茶,根据GB/T 18745—2006《地理标志产品 武夷岩茶》,武夷岩茶是在原产地域范围内,独特的武夷山自然生态环境条件下选用适宜的茶树品种进行无性繁育和栽培,并用独特的传统加工工艺制作而成,具有岩韵(岩骨花香)品质特征的乌龙茶。武夷岩茶产品分为大红袍、名枞、肉桂、水仙和奇种。

闽南乌龙

闽南乌龙产于福建的南部,也是乌龙茶的发源地,其中品质最好的就是安溪的铁观音,根据GB/T 19598—2006《地理标志产品 安溪铁观音》,安溪铁观音是在地理标志产品保护范围内的自然生态条件下,选用铁观音茶树品种进行扦插繁育、栽培和采摘,按照独特的传统加工工艺制作而成,具有铁观音品质特征的乌龙茶。安溪铁观音的成品茶分为清香型与浓香型。

广东乌龙

广东乌龙产于广东东部,其中以潮州所产的凤凰单枞和凤凰水仙最出名。凤凰单枞产于凤凰山,其外形条索粗壮,匀整挺直,色泽黄褐,油润有光,并有朱砂红点;冲泡清香持久,有独特的天然兰花香,滋味浓醇鲜爽,润喉回甘。同出于凤凰山的凤凰水仙则具有独特的天然花香,汤色澄明黄亮,碗内壁显金圈,滋味浓醇鲜爽,叶底匀齐,青叶镶红边。

台湾乌龙

台湾乌龙因萎凋和做青程度不同分为台湾乌龙和台湾包种,乌龙的萎凋和做青程度较重,汤色金黄明亮,有熟果味,以冻顶乌龙的品质最好;包种的萎凋和做青程度较轻,汤色黄亮,滋味近似绿茶,以文山包种的品质最好,素有"北文山,南冻顶"之说。

乌龙茶
有什么功效？

作为半发酵茶的乌龙茶，既拥有绿茶的清芬，又不输红茶醇厚，它除了拥有绿茶的抗癌、抗氧化功效，红茶对胃刺激小的特点，更具有一些独特的功能。

减肥清脂

乌龙茶对蛋白质和脂肪有较好的分解作用，因此常喝乌龙茶，可以起到减肥降血脂的作用。

保湿美容

乌龙茶能使皮肤角质层的保水能力明显提高。

预防龋齿

乌龙茶中含有的多酚类物质可以有效抑制齿垢酵素的产生，从而预防齿垢和龋齿的发生。

如何选购
武夷岩茶？

武夷岩茶产于福建省武夷山市。其中大红袍常被誉为乌龙茶中的"茶中之圣"，其外形紧结、壮实、稍扭曲，香气高锐、浓长清远，滋味岩韵明显、醇厚、回味甘爽、杯底有余香，汤色清澈艳丽、呈深橙黄色。选购武夷岩茶时，应该先从干茶的条索、色泽、整碎和净度上加以辨别，然后再冲泡茶叶，通过闻香气、尝滋味、看汤色和叶底来进一步作出判断。根据GB/T 18745—2006《地理标志产品　武夷岩茶》，武夷岩茶产品分为大红袍、名枞、肉桂、水仙和奇种，其中大红袍和肉桂有特级、一级、二级之分；水仙和奇种有特级、一级、二级、三级之分，大红袍、名枞、肉桂、水仙和奇种产品的感官指标见表10、表11、表12、表13、表14，可参考感官品质指标来选购武夷岩茶。

表10 大红袍产品的感官指标

项目		特级	一级	二级
外形	条索	紧结、壮实、稍扭曲	紧结、壮实	紧结、较壮实
	色泽	带宝色或油润	稍带宝色或油润	油润、红点明显
	整碎	匀整	匀整	较匀整
	净度	洁净	洁净	洁净
内质	香气	锐、浓长或幽、清远	浓长或幽、清远	幽长
	滋味	岩韵明显、醇厚、回味甘爽、杯底有余香	岩韵显、醇厚、回甘快、杯底有余香	岩韵明、较醇厚、回甘、杯底有余香
	汤色	清澈、艳丽、呈深橙黄色	较清澈、艳丽、呈深橙黄色	金黄清澈、明亮
	叶底	软亮匀齐、红边或带朱砂色	较软亮匀齐、红边或带朱砂色	较软亮、较匀齐、红边较显

表 11 名枞产品的感官指标

项目		要求
外形	条索	紧结、壮实
	色泽	较带宝色或油润
	整碎	匀整
	净度	洁净
内质	香气	较锐、浓长或幽、清远
	滋味	岩韵明显、醇厚、回甘快、杯底有余香
	汤色	清澈艳丽、呈深橙黄色
	叶底	叶片软亮匀齐、红边或带朱砂色

表12 肉桂产品的感官指标

项目		特级	一级	二级
外形	条索	肥壮紧结、沉重	较肥壮结实、沉重	尚结实，卷曲，稍沉重
	色泽	油润，沙绿明，红点明显	油润、砂绿较明，红点较明显	乌润，捎带褐红色或褐绿
	整碎	匀整	较匀整	尚匀整
	净度	洁净	较整洁	尚洁净
内质	香气	浓郁持久，似有乳香或蜜桃香或桂皮香	清高幽长	清香
	滋味	醇厚鲜爽，岩韵明显	醇厚尚鲜，岩韵明	醇和岩韵略显
	汤色	金黄清澈明亮	橙黄清澈	橙黄略深
	叶底	肥厚软亮、匀齐红边明显	较亮匀齐，红边明显	红边欠匀

表13 水仙产品的感官指标

项目		特级	一级	二级	三级
外形	条索	壮结	壮结	壮实	尚壮实
	色泽	油润	尚油润	稍带褐色	褐色
	整碎	匀整	匀整	较匀整	尚匀整
	净度	洁净	洁净	较洁净	尚洁净
内质	香气	浓郁鲜锐、特征明显	清香特征显	尚清纯，特征尚显	特征稍显
	滋味	浓爽鲜锐、品种特征显露、岩韵明显	醇厚、品种特征显，岩韵明	较醇厚、品种特征尚显、岩韵尚明	浓厚、具品种特征
	汤色	金黄清澈	金黄	橙黄稍深	深黄泛红
	叶底	肥嫩软亮、红边鲜艳	肥厚软亮、红边明显	软亮、红边尚显	软亮、红边欠匀

表 14 奇种产品的感官指标

项目		特级	一级	二级	三级
外形	条索	紧结重实	结实	尚结实	尚壮实
	色泽	翠润	油润	尚油润	尚润
	整碎	匀整	匀整	较匀整	尚匀整
	净度	洁净	洁净	较洁净	尚洁净
内质	香气	清高	清纯	尚浓	平正
	滋味	清醇甘爽、岩韵显	尚醇厚、岩韵明	尚醇正	欠醇
	汤色	金黄清澈	较金黄清澈	金黄稍深	橙黄稍深
	叶底	软亮匀齐、红边鲜艳	软亮较匀齐、红边明显	尚软亮匀整	欠匀稍亮

如何选购
安溪铁观音？

安溪铁观音产于福建省安溪县。安溪铁观音的外形卷曲、壮实、沉重,呈青蒂绿腹的蜻蜓头状,色泽鲜润,砂绿显,红点明,叶表带白霜,汤色金黄,浓艳清澈,叶底肥厚明亮,有绸面光,滋味醇厚甘鲜,香气馥郁持久,有"七泡有余香"之誉。选购安溪铁观音时,先从干茶的条索、色泽、整碎和净度上加以辨别,然后再冲泡茶叶,通过闻香气、尝滋味、看汤色和叶底来进一步作出判断。根据GB/T 19598—2006《地理标志产品 安溪铁观音》,安溪铁观音成品茶分为清香型与浓香型两种,清香型的安溪铁观音有特级、一级、二级、三级之分,各级别的感官指标见表15;浓香型的安溪铁观音有特级、一级、二级、三级、四级之分,各级别的感官指标见表16,可参考感官品质指标来选购安溪铁观音。

表15 清香型安溪铁观音的感官指标

项目		特级	一级	二级	三级
外形	条索	肥壮、圆结、重实	壮实、紧结	卷曲、结实	卷曲、尚结实
	色泽	翠绿润、砂绿明显	绿油润、砂绿明	绿油润、有砂绿	乌绿、稍带黄
	整碎	匀整	匀整	尚匀整	尚匀整
	净度	洁净	净	尚净、有嫩幼梗	尚净、有嫩幼梗
内质	香气	高香	清香、持久	清香	清纯
	滋味	鲜醇高爽、音韵明显	清醇干鲜、音韵明显	尚鲜醇爽口、音韵尚明	醇和回甘、音韵稍轻
	汤色	金黄明亮	金黄明亮	金黄	金黄
	叶底	肥厚软亮、匀整、余香高长	软亮、尚匀整、有余香	尚软亮、尚匀整、稍有余香	尚软亮、尚匀整、稍有余香

表 16 浓香型安溪铁观音的感官指标

项目		特级	一级	二级	三级	四级
外形	条索	肥壮、圆结、重实	较肥壮、结实	稍肥壮、略结实	卷曲、尚结实	稍卷曲、略粗松
	色泽	翠绿、乌润、砂绿明	乌润、砂绿较明	乌绿、有砂绿	乌绿、稍带褐红点	暗绿、带褐红色
	整碎	匀整	匀整	尚匀整	稍匀整	欠匀整
	净度	洁净	净	尚、稍有嫩幼梗	稍净、有嫩幼梗	欠净、有梗片
内质	香气	浓郁、持久	清高、持久	尚清高	清纯平正	平淡、稍粗飘
	滋味	醇厚鲜爽回甘、音韵明显	醇厚、尚鲜爽、音韵明	醇和鲜爽、音韵稍明	醇和、音韵轻微	稍粗味
	汤色	金黄、清澈	深金黄、清澈	橙黄、深黄	深橙黄、清黄	橙红、清红
	叶底	肥厚、软亮匀整、红边明显，有余香	尚软亮、匀整、有红边，稍有余香	稍软亮、略匀整	稍匀整、带红褐色	欠匀整，有粗叶及褐红叶

银光胜雪
裹玉翠
——白茶

什么是白茶，
白茶有哪些种类？

莹莹胜雪的白茶是我国的名贵茶类，主产于福建。白茶的名字最早出现在唐朝陆羽的《茶经》中，其记载："永嘉县东三百里有白茶山。"有学者认为，白茶的出现还要早于绿茶。宋徽宗在其《大观茶论》中说白茶"有者，不过四五家；生者，不过一二株""芽英不多，尤难蒸焙"，足见其珍贵。

Standard
什么是白茶？

根据GB/T 22291—2008《白茶》，白茶是以茶树的芽、叶、嫩茎为原料，经萎凋、干燥、拣剔等特定工艺制成的，依据茶树品种和原料要求的不同分为白毫银针、白牡丹和贡眉3种产品。

白茶是一种轻微发酵茶，因成品茶满身披白色茸毛而得名，其品质特点是冲泡后芽叶完整舒展，香味醇和，汤色清淡。白茶中最著名的就是白毫银针，主产福建的福鼎和政和等地，其外形白如银、挺直如针，非常名贵。

白茶
有什么功效？

珍贵的白茶是茶叶中的一块"瑰宝"，具有很多独特的药性。它不仅具有解酒醒酒、清热润肺、平肝益血、消炎解毒、降压减脂、消除疲劳等功效，陈年白茶还是一种比抗生素疗效更好的"麻疹灵药"。清代名人周亮工在《闽小记》中写道："白毫银针，产太姥山鸿雪洞，其性寒，功同犀角，是治麻疹之圣药。

抑菌抗菌

白茶可对抗葡萄球菌和链球菌等感染，也可抑制龋齿中的细菌。

清热解毒

白茶性寒，具有解毒、退热、降火等功效。

保肝护肝

白茶富含的二氢杨梅素等黄酮类天然物质可以保护肝脏，加速乙醇代谢产物乙醛迅速分解，变成无毒物质，降低对肝细胞的损害。二氢杨梅素起效迅速，作用持久，是保肝护肝、解酒醒酒的良品。

如何选购白茶？

白茶是我国的特产,其品质特点是干茶外表满披白色茸毛,色白隐绿,汤色浅淡,滋味甘醇。选购白茶时,应该先从干茶的条索、色泽、整碎和净度上加以辨别,然后再冲泡茶叶,通过闻香气、尝滋味、看汤色和叶底来进一步作出判断。根据GB/T 22291—2008《白茶》,白茶可依据茶树品种和原料要求的不同分为白毫银针、白牡丹和贡眉三种产品,白毫银针有特级、一级之分,其感官指标见表17 ,白牡丹和贡眉各有特级、一级、二级、三级之分,其感官指标见表18 、表19 ,可参考感官品质指标来选购白茶。

表 17 白毫银针的感官指标

项目		特级	一级
外形	叶态	芽叶肥壮、匀齐	芽叶瘦长、较匀齐
	嫩度	肥嫩、茸毛厚	瘦嫩、茸毛略薄
	净度	洁净	洁净
	色泽	银灰白、富有光泽	银灰白
内质	香气	清纯、毫香显露	清纯、毫香显
	滋味	清鲜醇爽、毫味足	鲜醇爽、毫味显
	汤色	浅杏黄、清澈明亮	杏黄、清澈明亮
	叶底	肥壮、软嫩、明亮	嫩匀明亮

表 18 白牡丹的感官指标

项目		特级	一级	二级	三级
外形	叶态	芽叶连枝叶，缘垂卷匀整	芽叶尚连枝叶缘垂卷尚匀整	芽叶部分连枝叶缘尚垂卷、尚匀	叶缘略卷、有平展叶、破张叶
	嫩度	毫心多肥壮，叶背多茸毛	毫心较显尚壮、叶张嫩	毫心尚显，叶张尚嫩	毫心瘦稍露、叶张稍粗
	净度	洁净	较洁净	含少量黄绿片	稍夹黄片蜡片
	色泽	灰绿润	灰绿尚润	尚灰绿	灰绿稍暗
内质	香气	鲜嫩、纯爽毫香显	尚鲜嫩、纯爽有毫香	浓纯、略有毫香	尚浓纯
	滋味	清甜醇爽，毫味足	较清甜，醇爽	尚清甜、醇厚	尚厚
	汤色	黄、清澈	尚黄，清澈	橙黄	尚橙黄
	叶底	毫心多，叶张肥嫩明亮	毫心尚显、叶张嫩，尚明	有毫心、叶张尚嫩、稍有红张	叶张尚软有破张、红张稍多

表 19 贡眉的感官指标

项目		特级	一级	二级	三级
外形	叶态	芽叶部分连枝、叶态紧卷、匀整	叶态尚紧卷、尚匀	叶态略卷舒展、有破张	叶张平展、破张多
	嫩度	毫尖显、叶张细嫩	毫尖尚显、叶张尚嫩	有尖芽、叶张较粗	小尖芽稀露叶张粗
	净度	洁净	较洁净	夹簧片铁板片少量蜡片	含鱼叶蜡片较多
	色泽	灰绿或墨绿	尚灰绿	灰绿稍暗、夹红	灰黄夹红稍葳
内质	香气	鲜嫩、有毫香	鲜纯，有嫩香	浓纯	浓、稍粗
	滋味	清甜醇爽	醇厚尚爽	浓厚	厚、稍粗
	汤色	橙黄	尚橙黄	深黄	深黄微红
	叶底	有芽尖，叶张嫩亮	稍有芽尖、叶张软尚亮	叶张较粗、稍摊、有红张	叶张粗杂、红张多

金衣玉索
香清润
——黄茶

什么是黄茶，
黄茶有哪些种类？

黄茶最早出现在明代，是人们在炒青绿茶的过程中由于制作方法掌握不当而发现的茶类。黄茶主产于四川、安徽、湖南、浙江、广东和湖北等地，其品质特点是黄汤黄叶。

Standard
什么是黄茶？

根据GB/T 21726—2008《黄茶》，黄茶以茶树（*Camellia sinensis* L.O.kunts）的芽、叶、嫩茎为原料，经杀青、揉捻、闷黄、干燥等特定工艺制成的，依据鲜叶原料和加工要求的不同，分为芽型（单芽或一芽一叶初展）、芽叶型（一芽一叶、一芽二叶初展）和大叶型（一芽多叶）三种。

黄茶的制作工序与绿茶相近,只是在加工中多了一道堆积闷黄的工序。"绿叶变黄"对于绿茶来说是品质上的错误,但对于黄茶来说,却是其杏黄汤色和清润香气的灵魂。

　　黄茶中最著名的就是湖南岳阳洞庭湖的君山银针。君山银针外形茁壮挺直,重实匀齐,银毫披露,芽身金黄光亮,内质毫香鲜嫩,被誉为"金镶玉"。若以玻璃杯冲泡,可见芽尖冲上水面,悬空竖立,下沉时如雪花下坠,沉入杯底,状似鲜笋出土,又如刀剑林立。再冲泡再竖起,能够三起三落。

君山银针

黄茶
有什么功效？

　　黄茶属于轻发酵茶，富含茶多酚、氨基酸、可溶糖、维生素等丰富营养物质，对防治食道癌有明显功效。此外，黄茶鲜叶中保留有85%以上的天然物质，这些物质对防癌、抗癌、杀菌、消炎均有特殊效果。

　　黄茶在闷黄过程中会产生大量的消化酶，对脾胃有很大好处。但凡消化不良、食欲不振、懒动肥胖等症，都可饮而化之。

如何选购
黄茶?

黄茶因为在加工过程中有闷黄的工艺,因此具有黄汤黄叶的品质特点。选购黄茶时,先从干茶的条索、色泽、整碎和净度上加以辨别,然后再冲泡茶叶,通过闻香气、尝滋味、看汤色和叶底来进一步作出判断。根据GB/T 21726—2008《黄茶》,黄茶分为芽型(单芽或一芽一叶初展)、芽叶型(一芽一叶、一芽二叶初展)和大叶型(一芽多叶)三种,其感官指标见表20,可参考感官品质指标来选购黄茶。

表 20 黄茶的感官指标

项目		芽型	芽叶型	大叶型
外形	叶态	针型或雀舌型	自然型或条形、扁形	叶大多梗、卷曲略松
	整碎	匀齐	较匀齐	尚匀
	净度	净	净	有梗片
	色泽	杏黄	浅黄	褐黄
内质	香气	清鲜	清高	纯正
	滋味	甘甜醇和	醇厚回甘	浓厚醇和
	汤色	嫩黄明亮	黄明亮	深黄明亮
	叶底	肥嫩黄亮	柔嫩黄亮	尚软、黄尚亮

古道千载
陈益香
——黑茶

什么是黑茶，黑茶有哪些种类？

黑茶的历史可追溯到唐宋时茶马互市，据说茶叶在漫漫茶马古道上被反复淋湿、晒干，使得茶叶在微生物的作用下发生了品质的改变，因此有了"黑茶在马背上形成"的说法。

*S*tandard
什么是黑茶？

根据GB/T 32719.1—2016《黑茶 第1部分：基本要求》，黑茶是以茶树[*Camellia sinensis*（L.）O.Kuntzs]鲜叶和嫩梢为原料，经杀青、揉捻、渥堆、干燥等加工工艺制成的黑毛茶及以此为原料加工的各种精制茶和再加工茶产品，分为散茶和紧压茶。产品名称根据加工工艺和品质的不同来区分和命名。

黑茶通常作为紧压茶原料，主要供边区少数民族饮用，又称边销茶。主要有湖南黑茶、湖北老青茶、四川黑茶和滇桂黑茶。

湖南黑茶

湖南黑茶主产安化和益阳,其色泽油黑,汤色橙黄,香味醇厚,具有松烟香。经蒸压装篓后加工成的紧压茶称湘尖茶,蒸压成砖形的是黑砖、花砖或茯砖。

湖北老青茶

湖北老青茶主产于赤壁、咸宁、通山、崇阳等地,一般制成紧压茶再销售。经蒸压成砖形的成品称为老青砖。

四川黑茶

四川黑茶也称四川边茶,分南路和西路二类。南路主产雅安、天全等地,通常压制成康砖后,主销西藏;西路主产都江堰、崇庆、大邑等地,经蒸压加工后为方包茶和圆包茶,主销四川阿坝藏族自治州和青海、甘肃、新疆等地。

滇桂黑茶

滇桂黑茶主要有云南黑茶和广西黑茶。云南黑茶是用滇晒青毛茶经潮水渥堆发酵后干燥而制成,统称普洱茶;广西黑茶是经潮水渥堆后,再堆放陈化,形成红、浓、醇、陈的特点,其中最著名的是六堡茶。普洱茶和六堡茶都是特种黑茶,其品质独特,香味以陈为贵。

黑茶
有什么功效？

　　黑茶属全发酵茶。长时间的发酵给了黑茶浓郁沉香的口感，更赋予它独特的营养价值。对于长期不食用水果蔬菜的少数民族和边陲居民，饮用黑茶可以补充维生素、矿物质、蛋白质、氨基酸、糖类等，有助于调整饮食结构的不足。

助消化解油腻

　　黑茶具有很强的解油腻、消食功能，我国西北少数民族人民的食物结构是牛、羊肉和奶酪，故有"宁可三日无食，不可一日无茶"之说。此外，黑茶还有助于顺肠胃，改善肠道微生物环境，有助于缓解腹胀、积食等。

降脂降压软化血管

　　黑茶具有良好的降解脂肪、抗血凝、促纤维蛋白原溶解作用和显著抑制血小板聚集，还能使血管壁松弛，达到降压、软化血管，防治心血管疾病的目的。黑茶还可以降低血液中过氧化物的活性，并可以调节体型，调控体重。

什么是普洱茶？
普洱茶有哪些种类？

　　"香沉九畹芳兰气，品尽千年普洱情"，越陈越香的普洱是"可入口的古董"，其汤色红浓明亮，香气浓厚独特。普洱茶主要产于云南省思茅和西双版纳地区，因自唐宋以来集散地为普洱县得名。下图为西双版纳地区普洱茶园。普洱茶性温和，耐贮藏，不仅解渴提神，还可作药用，并有保健功能。

普洱茶园

Standard
什么是普洱茶？

　　根据GB/T 22111—2008《地理标志产品　普洱茶》，普洱茶是以地理标志保护范围内的云南大叶种晒青茶为原料并在地理标志保护范围内采用特定的加工工艺制成，具有独特品质特征的茶叶。

按照加工工艺及品质特征,普洱茶分为普洱茶(生茶)和普洱茶(熟茶)两种类型;按照外观形态,普洱茶分为普洱茶(熟茶)散茶和普洱茶(生茶、熟茶)紧压茶。

普洱茶(生茶)

　　普洱茶(生茶)是以云南大叶种茶树的鲜叶为原料,经鲜叶摊放、杀青、揉捻、日光干燥制成晒青茶,再经蒸压成型,并干燥、包装制成。

普洱茶(熟茶)

　　普洱茶(熟茶)散茶是晒青茶经后发酵,并干燥、包装制成;普洱茶(熟茶)紧压茶是普洱茶(熟茶)散茶经蒸压成型,并干燥、包装制成,或者是晒青茶经蒸压成型、干燥,再经后发酵、包装制成。

如何选购
普洱茶?

选购普洱茶时,先从干茶的条索、色泽、整碎和净度上加以辨别,然后冲泡茶叶,闻香气、尝滋味、看汤色和叶底来进一步判断。根据GB/T 22111—2008《地理标志产品 普洱茶》,普洱茶按外观形态分为普洱茶(熟茶)散茶和普洱茶(生茶、熟茶)紧压茶,普洱茶(熟茶)散茶分为特级、一级、三级、五级、七级、九级,各级感官指标见表21。

表 21 普洱茶（熟茶）散茶的感官指标

项目		特级	一级	三级	五级	七级	九级
外形	条索	紧密	紧结	尚紧结	紧实	尚紧实	粗松
	色泽	红褐润显毫	红褐润较显毫	褐润尚显毫	褐尚润	褐欠润	褐稍花
	整碎	匀整	匀整	匀整	匀齐	尚匀齐	欠匀齐
	净度	匀净	匀净	匀净带嫩梗	尚匀带梗	尚匀带梗	欠匀带梗片
内质	香气	陈香浓郁	陈香浓厚	陈香浓纯	陈香尚浓	陈香纯正	陈香平和
	滋味	浓醇甘爽	浓醇回甘	醇厚回甘	浓厚回甘	醇和回甘	纯正回甘
	汤色	红艳明亮	红浓明亮	红浓明亮	深红明亮	褐红尚浓	褐红尚浓
	叶底	红褐柔嫩	红褐较嫩	红褐尚嫩	红褐欠嫩	红褐粗实	红褐粗松

普洱茶(生茶)紧压茶的外形应是色泽墨绿,形状端正匀称、松紧适度、不起层脱面;洒面茶应包心不外露;内质香气清纯、滋味浓厚、汤色明亮,叶底肥厚黄绿。普洱茶(熟茶)紧压茶的外形应是色泽红褐,形状端正匀称、松紧适度、不起层脱面;洒面茶应包心不外露;内质汤色红浓明亮,香气独特陈香,滋味醇厚回甘,叶底红褐。

家庭贮藏普洱茶
应注意什么?

　　普洱茶与其他茶类相比特别耐贮藏,这是因为普洱茶在贮藏过程中会发生后熟作用,从而使品质有所提高,也就是所谓的越陈越香。但任何一种普洱茶都有一个品质最佳时期,在这个时期以前贮藏会使普洱茶的品质越来越好,之后再进行贮藏,普洱茶的品质就会逐渐下降。通常普洱茶(熟茶)的后熟陈化过程也就是几个月到几年,而普洱茶(生茶)的后熟陈化过程需要加长的时间,即10年以上。

　　一般家庭贮藏普洱茶只要不受阳光直射,不受潮,注意环境清洁卫生,注意通风,无杂味和异味即可。家庭贮藏普洱茶最好选择紧压茶,一是紧压茶的体积小,便于贮存;二是紧压茶耐贮存,不易变质。

琳琅满目
夺天巧
——再加工茶

什么是花茶，
花茶有哪些种类？

花茶的窨制源于宋朝，始于明朝，成于清朝。"茶引花香，以益茶味"，花茶历经三朝不断改进，完美地结合了清新茶韵和芬芳花香。

Knowledge
什么是花茶？

花茶也称窨花茶或熏花茶，是用茶叶和鲜花进行拌合，使茶叶在静止的状态下缓慢吸收花香，然后除去花朵，再将茶叶烘干而制成的香茶，其品质特征是香气鲜灵浓郁，滋味醇厚鲜爽，汤色明亮。

窨制花茶的茶坯主要是烘青绿茶,也有少量的炒青绿茶,红茶、乌龙茶等用来窨制花茶的不是很多。花茶由于窨制的鲜花不同分为茉莉花茶、玫瑰花茶、白兰花茶、珠兰花茶、玳玳花茶、柚子花茶、桂花茶等。花茶中产量和销量最大的是茉莉花茶。

Standard
什么是茉莉花茶?

　　根据GB/T 22292—2008《茉莉花茶》,茉莉花茶是以绿茶为原料,经加工成级型坯后,由茉莉鲜花窨制(含白兰鲜花打底)制成的,依据绿茶的原料不同,分为烘青茉莉花茶和炒青(含半炒青)茉莉花茶两类。

如何选购
茉莉花茶?

茉莉花茶以其香气鲜灵持久,滋味醇厚鲜爽的品质特征而深受人们的喜爱。选购茉莉花茶时,先从干茶的条索、色泽、整碎和净度上加以辨别,然后再冲泡茶叶,通过闻香气、尝滋味、看汤色和叶底来进一步作出判断。根据GB/T 22292—2008《茉莉花茶》,茉莉花茶分为烘青茉莉花茶和炒青(含半炒青)茉莉花茶两类,各有特级、一级、二级、三级、四级、五级、六级之分,其感官指标见表22 、表23,可参考感官品质指标来选购茉莉花茶。

表 22 烘青茉莉花茶的感官指标

项目		特级	一级	二级	三级	四级	五级	六级
外形	条索	细紧或肥壮、有锋苗、有毫	紧结、有锋苗	尚紧结	尚紧	稍松	稍粗松	粗松、轻飘
	色泽	绿黄润	绿黄尚润	绿黄	尚绿黄	绿黄	绿黄稍枯	黄稍枯
	整碎	匀整	匀整	尚匀整	尚匀整	尚匀	尚匀	欠匀
	净度	净	尚净	稍有嫩茎	有嫩茎	带茎梗	有梗朴	多梗多朴片
内质	香气	鲜浓醇持久	鲜浓	尚鲜浓	尚浓	香薄	香弱	香粗
	滋味	浓醇爽	浓醇	尚浓醇	醇和	尚醇和	稍粗	粗淡略涩
	汤色	黄绿明亮	黄绿尚明亮	黄绿尚明	黄绿稍明	黄绿	黄稍暗	黄暗
	叶底	嫩软匀齐、黄绿明亮	嫩匀黄绿明亮	嫩尚匀,黄绿亮	尚嫩匀黄绿	稍有摊张尚黄绿	稍粗大黄绿稍暗	粗稍硬、稍黄暗

表 23 炒青（含半烘青）茉莉花茶的感官指标

项目		特级	一级	二级	三级	四级	五级	六级
外形	条索	紧结呈锋苗	紧结	紧实	尚紧实	粗实	稍粗松	粗松
	色泽	绿黄润	绿黄尚润	绿黄	尚绿黄	绿黄稍暗	黄稍枯	黄枯
	整碎	匀整	匀整	匀整	尚匀整	尚匀整	尚匀	欠匀
	净度	洁净	净	稍有嫩茎	有筋梗	带梗朴	多梗朴	多梗朴片
内质	香气	鲜浓纯	浓尚鲜	浓	尚浓	香弱	香浮	香粗
	滋味	浓醇	浓尚醇	沿浓醇	尚浓	平和	稍粗	粗略涩
	汤色	黄绿亮	黄绿尚亮	黄明	黄尚明	黄欠亮	黄较暗	黄稍浊
	叶底	嫩匀黄绿明亮	尚嫩匀黄绿尚亮	尚匀黄绿	尚匀绿黄	稍有摊张黄	稍粗黄稍暗	较粗硬黄暗

茉莉花茶中
有花干好么?

目前市场上的茉莉花茶品种繁多,有时会看到一些茉莉花茶中掺有很多茉莉花干,这样的茉莉花茶好吗?花干越多是不是茶叶越香呢?要回答这个问题就得了解茉莉花的吐香特性和茉莉花茶的加工过程。

茉莉花的特点是不开不香、开花才吐香,在茉莉花茶的加工过程中通常是采摘含苞待放的茉莉花,经技术处理后与茶叶拌合在一起进行窨制,在窨制过程中鲜花开放吐出的香气会慢慢地被茶叶吸收。

待鲜花开败、芳香吐尽时应及时将已经失去花香的花干筛分剔除,再经烘干制成茉莉花茶,中高档的茉莉花茶往往需要反复几次窨制的过程。

符合国家标准的茉莉花茶应该是见不到很多花干的,尤其是高级的茉莉花茶很少能见到有花干的存在。在一些低级的茉莉花茶中,有时为了以次充好,人为地加入一些茉莉花干,但是对提高茉莉花茶的香气毫无益处。另外,还有一些掺入花干的假茉莉花茶,是以香精喷洒绿茶再拌入茉莉花干的,通常称为拌花茶,我们在选购茉莉花茶时应注意辨别。

什么是紧压茶？
紧压茶有哪些种类？

古代茶区多交通不便,在肩挑马驮的运茶路上,茶叶很容易吸水变质。北宋年间,四川的茶商就把绿毛茶蒸压成饼,销往西北等边缘地区,这是最早的紧压茶。

什么是紧压茶？

　　紧压茶是以已制成的绿茶、红茶和黑茶的毛茶为原料,经过再加工、蒸压成一定形状制成的,又称压制茶。

茶叶制成紧压茶后,比较紧密结实,便于运输和贮藏,而且具有较强的消食解腻作用,适应少数民族独特的烹饮方式。

根据GB/T 9833—2013《紧压茶》,我国目前生产的紧压茶主要有花砖茶、黑砖茶、茯砖茶、康砖茶、沱茶、紧茶、金尖茶、米砖茶和青砖茶。

花砖茶、黑砖茶、茯砖茶

花砖茶、黑砖茶和茯砖茶都是以黑毛茶为主要原料，经过毛茶筛分、半成品拼配、蒸汽沤堆、压制成型、干燥、成品包装等工艺过程制成的。花砖茶、黑砖茶和茯砖茶主要产于湖南。

康砖茶、金尖茶

康砖茶和金尖茶是以康南边茶和川南边茶为主要原料，经过毛茶筛分、半成品拼配、蒸汽压制定型、干燥、成品包装等工艺过程制成的。康砖茶和金尖茶主要产于四川。

沱茶

沱茶是以青毛茶为主要原料，经过毛茶匀堆筛分、拣剔、半成品拼配、蒸汽压制定型、干燥、成品包装等工艺过程制成的。沱茶主要产于云南和四川。

紧茶

紧茶以青毛茶为主要原料,经过毛茶匀堆筛分、拣剔、渥堆、拼配、蒸汽压制定型、干燥、成品包装等工艺过程制成的。紧茶主要产于云南。

米砖茶

米砖茶是以红茶为主要原料,经过蒸汽压制定型、干燥、成品包装等工艺过程制成的。米砖茶主要产于湖北的赵李桥。

青砖茶

青砖茶是以老青茶为主要原料,经过蒸汽压制定型、干燥、成品包装等工艺过程制成的。青砖茶主要产于湖北。

什么是茶饮料？
茶饮料有哪些种类？

"冰红茶""冰绿茶""奶茶""蜂蜜柚子茶"……市场上琳琅满目的茶饮料是百姓休闲、出游饮茶的好选择。

Standard
什么是茶饮料？

根据GB/T 21733—2008《茶饮料》，茶饮料是以茶叶的水提取液或其浓缩液、茶粉等为主要原料，可以加入水果汁、乳制品、植（谷）物的提取物等，经加工制成的液体饮料。按照产品风味分为茶饮料（茶汤）、调味茶饮料、复（混）合茶饮料、茶浓缩液四类。其中调味茶饮料又分为果汁和果味茶饮料、奶茶和奶味茶饮料、碳酸茶饮料、其他调味茶饮料。

茶饮料（茶汤）

以茶叶的水提取液或其浓缩液、茶粉等为原料，经加工制成的，保持原茶汁应有风味的液体饮料，可添加少量的食糖和（或）甜味剂。

茶浓缩液

采取物理方法从茶叶的水提取液中除去一定比例的水分经加工制成，加水复原后具有原茶汁应有风味的液态制品。

复（混）合茶饮料

以茶叶和植(谷)物的水提取液或其浓缩液、干燥粉为原料,加工制成的具有茶与植(谷)物混合风味的液体饮料。

调味茶饮料

调味茶饮料包括果汁茶饮料、果味茶饮料、奶茶饮料、奶味茶饮料、碳酸茶饮料、其他调味茶饮料。

果汁茶饮料和果味茶饮料

以茶叶的水提取液或其浓缩液、茶粉等为原料,加入果汁、食糖和(或)甜味剂、食用果味香精等的一种或几种调制而成的液体饮料。

奶茶饮料和奶味茶饮料

以茶叶的水提取液或其浓缩液、茶粉等为原料,加入乳或乳制品、食糖和(或)甜味剂、食用奶味香精等的一种或几种调制而成的液体饮料。

碳酸茶饮料

以茶叶的水提取液或其浓缩液、茶粉等为原料,加入二氧化碳气、食糖和(或)甜味剂、食用香精等调制而成的液体饮料。

其他调味茶饮料

以茶叶的水提取液或其浓缩液、茶粉等为原料,加入除果汁和乳之外其他可食用的配料、食糖和(或)甜味剂、食用酸味剂、食用香精等的一种或几种调制而成的液体饮料。

早茶采尽
晚茶出
—— 茶叶的时令与产地

 什么是春茶，
夏茶和秋茶？

　　春茶、夏茶、秋茶的划分，
主要是依据季节变化和茶树
新梢生长的间歇而定。茶季
不同，茶树的生长状况、茶叶
的品质特点都有区别。

春茶

　　春季万物新发，雨量充沛，茶树经过
一冬天的积累，体内营养成分丰富，叶嫩
芽肥，绿翠柔软。春茶营养丰富，滋味鲜
爽，香气宜人，因此一年四季的绿茶中，
往往春茶品质最佳。

夏茶

夏季炎热,茶树生长迅速,素有"茶到立夏一夜粗"之说,因此茶叶也容易老化。夏茶生长消耗了茶叶中的氨基酸、维生素等营养成分,花青素、咖啡碱、茶多酚等物质增加,滋味略显苦涩。

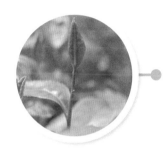

秋茶

秋季气候温和,昼夜温差大,有利于花香和果香物质的积累,秋香显露,但呈现滋味的物质不足,因而茶味较淡。

茶农采摘春茶

什么是
明前茶和雨前茶？

　　春回大地，万物复苏，江南茶区的茶园也渐渐染上绿意。从惊蛰、春分茶树开始发芽，到清明、谷雨采收，每一个节气茶叶的嫩度、色泽、香味等品质都有不同。明前茶、雨前茶就是对江南茶区不同节气采制的春茶的称呼。

明前茶

　　"明前茶"是清明前采制的茶叶。春意初染，于早春寒凉中轻吐的茶芽异常鲜嫩珍贵，因此素有"明前茶，贵如金"之说。"明前茶"受害虫侵扰较少，芽叶细嫩，色翠香幽，味醇形美，乃是茶中佳品。

雨前茶

　　"雨前茶"是谷雨前采制的茶叶。明代许次纾在谈到采茶时节时有言："清明太早，立夏太迟，谷雨前后，其时适中"。雨前茶虽不及明前茶细嫩珍贵，但其时正逢盛春，芽叶生长较快，积累的内含物也较为丰富，往往滋味鲜浓而更耐冲泡。

自古民间普遍认为，从时令上分，明前茶是茶中"极品"，雨前茶是茶中"上品"，而谷雨、立夏过后的茶叶品质就难免流于粗老了。

Knowledge
如何冲泡明前茶？

1　　刚炒制好的明前茶最好不要马上冲泡。新茶要先放一到两个星期，味道会更好。经过适当的存放，不仅可以去掉"火"味，而且还可以降低干茶的水分。

2　　冲泡明前茶水不要用沸水。由于明前茶都比较细嫩，一般以80℃左右为宜。

3　　最好选用玻璃杯冲泡。明前茶不仅要求汤绿，味鲜，香气馥郁，而且还要求形美，用玻璃杯冲泡才可以完美欣赏明前茶的色、香、味、形。

高山茶和平地茶
品质有什么不同？

有俗语云："高山出好茶"，高山具有适合茶树生长的天然生态条件。茶树原产于我国西南部多雨湿润的原始森林，在长期进化的过程中形成了喜温、喜湿、耐荫的生活习性，而海拔高度在100m～800m的高山上，气候温和、光照适中、雨量充沛、湿度较大、土壤肥沃，这些因素的综合作用对茶叶品质的形成极为有利，所以高山茶与平地茶的品质特征是有区别的。

高山茶

一般高山茶鲜叶的芽叶肥壮，节间长，颜色绿，茸毛多，经加工制成的茶叶条索紧结、肥硕，白毫显露，香气馥郁，滋味浓厚，耐冲泡。

平地茶

平地茶鲜叶的芽叶较小，叶底坚薄，叶张平展，叶色黄绿欠光润，经加工制成的茶叶条索较细瘦，身骨较轻，香气稍低，滋味较平淡。

在实际生产中,平地茶也有采用人工模拟茶树天然生态环境的方式来提高茶叶的品质,如种植遮荫树,建立人造防护林,实行茶园铺草,采用人工灌溉等措施。

高山茶园

辨茶

茶的品质与安全，鉴别与选购

茶叶是如何划分等级的？什么样的茶叶才安全？无公害食品茶叶、绿色食品茶叶和有机茶有什么不同？这一章，我们带您一起来"辨茶"。

茶香馥郁
需堪品
——茶叶的品质

茶叶是如何
划分等级的？

同一种茶，因其品质高低不同，干茶外形、茶汤的颜色、香气、滋味，叶底的颜色形态也都不同。高品质的特级茶也许千金难求，等级较低的茶则相对价格低廉。茶叶是如何划分等级的呢？根据国家标准，我国依据感官审评的方法对茶叶进行分等分级。

S*tandard*
什么是茶叶的感官评审？

根据GB/T 23776—2009《茶叶感官审评方法》，茶叶的感官审评是审评人员用感官来鉴别茶叶品质的过程。即按照标准规定的方法，审评人员运用正常的视觉、嗅觉、味觉、触觉的辨别能力，对茶叶产品的外形、汤色、香气、滋味与叶底等品质因子进行审评，从而达到鉴定茶叶品质的目的。

初制茶的品质鉴别

初制茶的品质鉴别是按照茶叶的外形(包括形状、嫩度、色泽、匀整度和净度)、汤色、香气、滋味和叶底"五项因子"进行。

精制茶（成品茶）的品质鉴别

精制茶(成品茶)的品质鉴别是按照茶叶外形的形态、色泽、匀整度和净度,内质的汤色、香气、滋味和叶底"八项因子"进行。

由于每一种茶叶的形状、嫩度、色泽、香气、滋味等都有其各自的特点,国家为许多名优品种茶叶制定了其独有的感官指标来具体鉴别茶叶品质的优劣。

影响茶叶品质的成分有哪些？

冲一杯茶，细看茶叶在水中慢慢舒展，释放出不可思议的奇妙魔力：色泽或金黄，或红浓，或鲜绿；滋味或甘香，或醇和，或鲜爽……这些色泽、香气、滋味其实是茶叶中各种影响品质的化学成分组合而成的杰作。

茶叶中的化学成分种类很多，它们与茶叶品质的关系是各不相同的，其中对茶叶品质影响较大的化学成分主要有氨基酸、茶多酚、咖啡碱和芳香物质等。

影响绿茶品质的成分

绿茶的品质就与氨基酸的含量密切相关,氨基酸是绿茶的重要滋味物质,且氨基酸的含量还是茶树叶片老嫩度的指标之一,幼嫩芽叶中的氨基酸含量高,而随着叶片的成熟老化,氨基酸的含量就逐渐减少,所以氨基酸的含量越高,绿茶的品质就越好。

影响红茶品质的成分

红茶的品质与茶多酚及其氧化产物茶黄素、茶红素和茶褐素的含量密切相关,茶黄素具有较好的鲜强度,茶红素具有醇甜的滋味,它们与未氧化的茶多酚一起构成红茶浓强鲜爽的滋味和红浓艳亮的汤色,所以茶黄素、茶红素的含量越多,红茶的品质就越高,而茶褐素形成的越多,红茶的汤色和品质就越差。

茶叶上的茸毛多少
和茶叶品质有什么关系？

　　细心的消费者会发现：有些绿茶上显现着白色的茸毛，我们俗称白毫；而有些红茶上显现着金色的茸毛，俗称金毫。这些茸毛与茶叶的品质优劣有关吗？

　　茸毛是茶树叶片形态的自然特征。虽然茶树叶片上的茸毛长度和密度会依品种不同而不同，但同一新梢上叶片茸毛的分布以芽最多，刚展开的叶次之，随着叶片的成熟，茸毛逐渐脱落而变得稀疏。此外，茸毛的多少也随着季节的变化和地区的不同而不同。

茶树叶片上的茸毛多少是叶片幼嫩与否的标志,茸毛多的叶片制成的茶叶白毫(或金毫)就多,而白毫(或金毫)的多少又是茶叶品质的标志,白毫(或金毫)越多的茶叶,品质就越好。

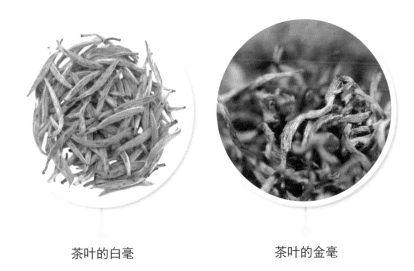

茶叶的白毫　　　　　　　　　　茶叶的金毫

茶洁汤净
百姓安
—— 茶叶的安全

我国茶叶
都需要检测哪些指标?

　　我国茶叶的检测项目主要包括营养及保健成分、污染物、农药残留3大类。营养及保健成分是茶叶的主要质量指标,营养及保健成分的高低与茶叶品质优劣有直接的关系。而污染物和农药残留则都是茶叶的安全指标。根据国家标准,重金属是茶叶的必检项目,重金属超标会对人体造成伤害。而大家都比较熟悉的农药残留,也是茶叶作为农作物必须通过的检测项目。

营养及保健成分
　　主要有茶多酚、咖啡碱、茶氨酸、维生素、矿物质等。

污染物
主要有铅、镉、砷等。

农药残留
　　主要有六六六、滴滴涕、三氯杀螨醇、乐果、敌敌畏等。

什么样的茶叶
才安全？

茶叶的农药残留一直都是百姓关注的问题。什么样的茶叶才是安全的？有农药或污染物残留就一定不安全吗？

茶叶的安全指标主要是指农药残留和污染物限量两个方面。污染物是指茶叶从生产、加工、包装、贮运和销售等过程中产生的或由环境污染带入的、非有意加入的化学性危害物质，包括铅、镉、砷等重金属物质。通常，茶叶的产品标准中对污染物限量的要求是应符合GB 2762—2017《食品安全国家标准 食品中污染物限量》的规定，对农药残留限量的要求是应符合GB 2763—2016《食品安全国家标准 食品中农药最大残留限量》的规定。我国对茶叶质量安全十分重视，对农药残留和污染物限量都有着严格的食品安全国家标准规定，而且也会及时地修订标准。

K 茶叶中有农药或污染物残留 一定不安全吗？

对于绝大多数茶叶来说，有农药或污染物残留是正常的，并不意味着一定对人体有害。只要茶叶中的农药或污染物残留在标准规定的最大残留限量范围内，即使是每天饮用，也不会对人体健康造成任何损害。

饮用农药残留超标的茶叶会给人体带来哪些危害？

茶叶中的农药残留如果超过标准规定的最大残留限量，则会对人体健康造成损害。这种不符合标准要求的不合格茶究竟有什么危害？

茶叶中能造成危害的主要是有机磷类和有机氯类的农药残留，按照其对人体的危害程度，症状表现如下：

中毒较轻　一次性饮用较少数量农药残留的茶叶，不会出现明显的症状，但往往有头痛、头昏、无力、恶心、精神差等表现。

中毒较重　一次性饮用较少数量农药残留的茶叶，会出现明显的不适，如乏力、呕吐、腹泻、心慌等情况。严重者可能出现全身抽搐、昏迷、心力衰竭甚至死亡的现象。

慢性中毒　有些农药可在人体内蓄积，超过一定量后会导致一些疾病，如男性不育、消化功能紊乱、癌症、心血管疾病等，对孕妇而言，还会影响胎儿的发育，甚至会导致胎儿畸形。

饮用农药残留超标的茶叶对人体的不同部位都会产生不同的影响，主要有以下几个方面：

大脑

在过去的30年里，帕金森病、早老性痴呆以及运动神经疾病等大脑功能紊乱性疾病造成的死亡人数大幅上升，一些科学家认为这和农药的使用有关。

肝肾

硝基苯酚除草剂和硝基甲苯酚除草剂对肝、肾和神经系统有毒性，会引起头疼、虚弱、口干和过度出汗。

内分泌系统

大约有49种农药会破坏内分泌系统，这些农药模拟或阻塞正常的激素，妨碍激素发挥作用，扰乱内分泌系统。

生殖系统

实验研究表明，某些农药会降低精子数量，影响精子的质量。农药会使子宫内的胎儿中毒，出生后也容易患病。

劣质茶喝了有害吗？

劣质茶沏出的茶水往往颜色很黄，而且壶底沉着茶梗和碎渣，喝起来也没有茶叶的清香。这种劣质茶一般都是陈茶，如绿茶放置时间过长，茶多酚被氧化成茶色素呈黄色，茶色素降到一定程度，茶的口感就会大打折扣。

茶叶的贮藏不当会发霉，发霉的茶叶会产生毒性。如果使用的茶叶原料不合格，还可能会造成农药残留和重金属含量超标。从卫生安全上来说，茶叶分三种，最好的是有机茶，完全不施农药，其次是绿色茶，再次是无公害茶。对绝大多数茶叶来说，含农药是很正常的，只要农药残留控制在国家标准之内，对人体就是安全产品。

劣质茶还有两种情况，一是未必使用茶叶，而是添加树叶混杂其中，如柿树叶就可作出茶的味道；另一种是只有茶梗没有茶叶，喷洒上大量香精配出茶味道。

茶树叶与常用来掺假树叶的对比

| 茶树叶 | 女贞叶 | 冬青叶 | 桑树叶 | 柳树叶 | 柿树叶 |

受潮的茶叶
还能饮用吗?

一般茶叶疏松多孔,含水量比较低,因此具有很强的吸湿能力,当茶叶的贮藏环境湿度较大时,就容易吸收水分而受潮。

受潮后的茶叶茶条松弛发软,茶汤色泽加深,滋味平淡,香气低弱。如果茶叶受潮的时间较短,可立即采取干燥的手段除去多余水分,茶叶尚能饮用,但茶叶的品质多少会受到一些影响,如汤色变黄、香气降低等。如果受潮的时间较长,甚至发生了霉变,就失去了饮用价值,饮用霉变茶甚至会影响身体健康。

K 茶叶受潮如何处理?

如果家庭贮存的茶叶短时间受潮,应该怎么处理呢?我们可使用炒菜的铁锅炒干受潮的茶叶,炒茶之前要洗净油腻,再用文火慢炒3min左右,取出摊凉。要注意温度不能太高(一般85℃),炒前还要筛去茶末,因为茶末沉在锅底易被炒焦而产生烟焦气。家庭中利用微波炉也可烘干受潮的茶叶,但要严格掌握温度和时间,否则容易烘焦茶叶。如果有家用电烤箱,在105℃烘烤10min左右即可。

佳茗还需
慧眼识
——茶叶的鉴别与选购

如何鉴别
新茶与陈茶?

　　新茶与陈茶是相对而言的,一般将当年春季采摘的鲜叶加工制成的茶叶称为新茶,茶叶收购中的"抢新"、茶叶销售中的"新茶上市"、茶叶消费中的"尝新"指的都是这类茶叶。通常将上年(或更长时间)采制加工而成的茶叶统称为陈茶。

　　俗话说"饮茶要新,喝酒要陈",对于大多数的茶叶品种来说是新茶比陈茶好;但有些茶叶适当贮藏一段时间反而更好,如普洱茶贮藏得当反而能提高茶叶的品质,这是因为在存放过程中茶叶慢慢陈化形成了一种特殊的陈香。

新茶与陈茶主要从色泽、滋味、香气3个方面来鉴别：

色泽

新茶

陈茶

　　茶叶在存放过程中氧气和光的作用会使色素分解，从而使茶叶的色泽变暗和变褐，比如绿茶会由青翠嫩绿色变为黄褐甚至褐色，红茶由乌润变成灰褐。

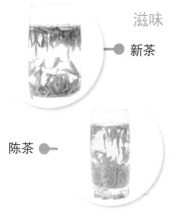

滋味

新茶

陈茶

　　茶叶在存放过程中酯类物质氧化挥发或形成缩合物，使溶于水的有效成分减少，茶叶的滋味由醇厚变为淡薄；茶叶中氨基酸的氧化使茶叶的鲜爽滋味降低。

香气

　　茶叶在存放过程中香气物质会被氧化、缩合和缓慢挥发，使得茶叶的香气由清香变为低浊。

如何鉴别
真茶与假茶?

　　市面上挑选茶叶时,我们不仅需要留心"以次充好""以陈充新"的现象,更需要慧眼识出那些"以假乱真"的骗局。

　　真茶是以茶树的叶片为原料制成的茶叶,而假茶是用形似茶树的其他植物叶片(如柳树叶、冬青树叶等)制成,冒充茶叶出售,对人体健康是有害的。假茶乍看形似真茶,没有经验的消费者很容易上当,但是只要掌握诀窍、仔细观察,总会发现一些蛛丝马迹。

　　真茶与假茶可从以下几个方面鉴别:

闻干茶气味

　　凡具有茶叶固有清香的即为真茶,也可取少量茶叶用火灼烤,则更易识别气味。

看茶叶颜色

　　凡颜色杂乱而不相协调或与茶叶本色不一致的,即有假茶之嫌。

冲泡茶叶后观察叶片

　　将可疑的茶叶用开水冲泡1次~2次,使叶片完全展开,仔细观察。茶树叶片通常具有其他植物叶片没有的形态特征,首先,茶树叶片边缘上的锯齿是上部密而深,下部稀而疏,近叶柄处无锯齿;其次,茶树叶片叶背的侧叶脉一般延伸至边缘1/3处即向上弯曲成弧形,并与上方侧脉相连,构成封闭式的网状叶脉;最后,茶树叶片的叶背面均着生绒毛,呈弯曲状。

茶叶和茶饮料包装标签上应该标注哪些内容？

市场上琳琅满目的预包装茶叶和茶饮料应该怎样选购呢？消费者应当关注茶叶或茶饮料的标签。预包装茶叶和茶饮料标签上提供的信息是我们选购的依据，同时标签是否规范、完整、齐全和真实也是我们在选购时应注意的问题。

茶叶包装标签信息

品 名：	武夷岩茶
原 料：	茶叶
包装容量：	150g
保存期限：	二年
贮藏方式：	阴凉干燥处
生产日期：	标示于罐底
标准代号：	GB/T 18745—2006
制 造 商：	xxxxxxxxxxx
地 址：	xxxxxxxxxxxxxxx
电 话：	xxxxxxxxx
经 销 商：	xxxxxxxxx
地 址：	xxxxxxxxxxxxxxx
电 话：	xxxxxxxx

根据GB 7718—2011《食品安全国家标准 预包装食品标签通则》，茶叶包装标签上应标明食品名称、配料表、净含量和规格、生产者、经销者的名称、地址和联系方式、生产日期和保质期、贮存条件、食品生产许可证编号、产品标准代号。

茶饮料包装标签信息

根据GB/T 21733—2008《茶饮料》，茶饮料的标签必须要符合GB 7718—2011《食品安全国家标准 预包装食品标签通则》和GB 13432—2013《食品安全国家标准 预包装特殊膳食用食品标签》的规定。此外，果汁茶饮料应在标签上标明果汁含量；奶茶饮料应标明蛋白质含量；茶浓缩液应标明稀释倍数；符合低糖、无糖、低咖啡因标准的茶饮料可声称"低糖""无糖""低咖啡因"。

进口茶叶和茶饮料包装标签上还应标明原产国或地区、总经销者的名称和地址。

守得一缕
沁香在
——茶叶的贮存

茶叶品质劣变的
主要原因是什么?

　　茶叶在贮藏期间,由于包装和贮藏条件不当,会发生颜色变暗、香气消散、味道变淡等品质的劣变,营养成分也会有所损失。这是什么原因呢? 这主要是茶叶中的一些化学物质发生变化的结果。

叶绿素的变化
　　叶绿素是形成绿茶色泽的重要成分,但叶绿素很不稳定,在光和热的作用下极易分解,导致茶叶变褐。

茶多酚的变化
　　茶多酚类物质是与茶叶的汤色和滋味密切相关的成分,在贮藏过程中会发生氧化和聚合反应,从而使茶汤变褐,滋味变劣。

维生素 C 的变化

维生素 C 是茶叶的重要保健成分,但在贮藏过程中极易被氧化,不但降低了茶叶的营养价值,也使颜色变褐。

氨基酸的变化

氨基酸是形成茶汤鲜爽滋味的主要成分,在贮藏过程中会与茶多酚氧化聚合形成暗色的聚合物,使茶叶失去鲜爽度,变得淡而无味。

香气成分的变化

随着茶叶贮藏时间的加长,原有的清香气会逐渐散失,而一些陈味成分会逐渐产生和增加。

茶杯里的知识（第二版）

影响茶叶品质劣变的环境因素有哪些？

茶叶品质的劣变是茶叶中一些化学物质发生变化的结果，而影响这些变化的主要环境因素就是温度、水分、氧气和光线以及它们之间的相互作用。了解这些影响因素，有助于我们更好地控制茶叶的贮存条件。

温度

温度越低，化学变化越缓慢，则有利于茶叶品质的保持；温度升高，化学变化速度加快，则加速茶叶的陈化。

水分

水分是化学变化的介质，也是微生物繁殖的必要条件。茶叶的含水量越高，各种化学变化的速度就越快，则加速茶叶的品质劣变。

氧气

茶叶中各种成分的氧化，都是空气中氧气的直接参与和作用下进行的，减少氧气的含量，可使氧化速度减缓，品质劣变速度变慢。

光线

茶叶中的某些物质，特别是叶绿素易受光的照射而褪色，使茶叶的色泽劣变。

家庭贮藏茶叶
最应该注意的是什么？

　　家庭选购茶叶无论是小包装茶还是散茶，往往不能一次喝完，都需要贮藏，散茶还需要重新包装后再进行贮藏。为了保持茶叶的品质，贮藏茶叶需要注意什么呢？

　　茶叶的吸附性较强，很易吸收周围的异味，且不易消除。茶叶的水分含量较低，容易吸收水分而受潮。所以贮藏茶叶最忌与有异味的东西存放在一起，如樟脑、化妆品、烟等，以免茶叶吸附异味而影响饮用价值。茶叶也不能与水分含量高的食品等存放在一起，以免防止茶叶吸收其中的水分而受潮变质。

　　家庭贮藏茶叶可采用一些简单易行的方法，主要有如下几种：

铁罐贮藏法

　　将茶叶装入带有双层盖的铁罐内（尽量装满以减少罐内的空气，也可放入一二小包干燥的硅胶吸潮），盖好双层盖，必要时再在铁罐外套上两层塑料袋，扎紧袋口，此法可较长时间贮藏茶叶。

塑料袋贮藏法

将茶叶装入食品用的塑料袋内，挤出袋内空气，扎紧袋口，也可在袋内放入硅胶干燥剂，此法只适合短时间贮藏茶叶。

冰箱冷藏法

将上述的铁罐、塑料袋放入冰箱中，利用低温来保持茶叶的品质，可长时间贮藏。但家用冰箱一般湿度都比较大，所以茶叶必须放在铁罐或塑料袋中并封紧盖口和扎紧袋口，以免潮气侵入。同时还应该注意不能与冰箱内有异味的食物混放。

热水瓶冷藏法

热水瓶具有良好的防潮及隔氧能力，可将茶叶放入热水瓶中，塞好瓶塞，必要时还可用蜡封口。这种方法对茶叶的保质效果较好，可较长时间贮藏茶叶。

无公害食品茶叶、
绿色食品茶叶和有机茶有什么不同?

随着消费者对食品安全关注度的提升,"无公害""绿色""有机"这些词汇也不断进入我们的视线。究竟什么样的茶叶才能叫做"有机茶"? 无公害食品茶叶、绿色食品茶叶和有机茶有什么区别? 究竟哪种更健康、更安全?

让我们先来说说市场上炒得最热的"有机茶"。

S 什么是有机茶?

NY 5196—2002《有机茶》中对有机茶的定义是,在原料生产过程中遵循自然规律和生态学原理,采取有益于生态和环境的可持续发展的农业技术,不使用合成的农药、肥料及生长调节剂等物质,在加工过程中也不使用合成的食品添加剂的茶叶及相关产品。

看定义有点晦涩,其实意思很简单:有机茶就是在一块生态环境良好的土地上,不使用任何人工合成的化学物质生产出的茶叶,后期加工过程中也绝对不允许添加任何食品添加剂,要的就是三个字——纯天然。

我们怎么才能看出购买的茶叶是不是有机茶呢?有机茶实行标志管理,市场上销售的有机茶必须经专门的认证机构认证后,才能使用有机食品标志。按照国际惯例,有机茶的认证标志一次有效许可期限为一年,一年期满后可申请"保持认证",通过检查、审核合格后方可继续使用有机食品标志。

中国有机产品认证标志

中国有机转换产品认证标志

再来说说绿色食品茶叶。

$\mathcal{K}$ 什么是绿色食品茶叶？

绿色食品茶叶是遵循可持续发展原则，按照特定的生产方式生产，经专门机构认定，许可使用绿色食品标志商标的无污染的安全、优质的茶叶。

也就是说，绿色食品茶叶也产自优质生态环境，但生产过程中可以使用符合规定的农药、化肥等，茶叶必须经过绿色食品定点监测机构检验，符合要求的才能使用绿色食品标识。绿色食品茶叶可以分为 AA 级和 A 级两个等级。

AA 级绿色食品茶叶

生产地的环境质量符合绿色食品产地环境技术的要求，生产过程中不用化学合成肥料、农药、兽药、饲料添加剂、食品添加剂和其他有害于环境和身体健康的物质，按有机生产方式，产品质量符合绿色食品生产标准，经专门机构认定，许可使用 AA 级绿色食品标志的产品。

A级绿色食品茶叶

生产地的环境质量符合绿色食品产地环境技术条件的要求,生产过程中严格按照绿色食品生产资料使用标准和生产操作规程要求,限量使用限定的化学合成生产资料,产品质量符合绿色食品生产标准,经专门机构认定,许可使用A级绿色食品标志的产品。

让我们再一起来看看"无公害食品茶叶"。

S 什么是无公害食品茶叶?

无公害食品茶叶是在生产过程中可以使用除国家禁止使用外的所有化学合成物质,茶叶产品的卫生指标达到本国或进口国有关标准的要求,对消费者身体没有危害,并经有关部门认证、许可使用无公害农产品标志的产品。

也就是说,市场上允许销售的茶叶,除了有机茶和绿色食品茶叶以外,都是无公害食品茶叶,无公害食品茶叶是我国农产品质量安全的最低要求。

K 有机茶和 AA 级绿色食品茶叶有什么区别？

细心的消费者发现：有机茶和 AA 级绿色食品茶叶都不允许使用农药、化肥等人工合成物质，那 AA 级绿色食品茶叶是不是等同于有机茶呢？这二者之间是有一定区别的。

有机食品在生产过程中不仅禁止使用化学合成物质，也不允许使用基因工程和辐射技术，绿色食品则没有这方面要求。并且，有机食品在土地生产转换期方面要求非常严格，土地从生产其他食品到生产有机食品需要两到三年的转换期，而生产绿色食品则没有转换期要求。不仅如此，有机食品还在生产数量上进行严格控制，要求定地块、定产量，这些都使得生产有机食品比其他食品难度大很多。

什么是
茶叶地理标志产品?

　　同样为茶,不同地方孕育出的茶有着各不相同的迷人特点:"翠郁甘美四绝称"的龙井生于雨润泉灵的西湖,"隐翠白毫茸满衫"的洞庭碧螺春生于烟水浩淼的洞庭湖,"香汤独有自在韵"的安溪铁观音生于水清峦高的福建安溪……这些各有特色的名茶,有些就属于茶叶地理标志产品。

　　茶叶地理标志产品和无公害食品茶叶、绿色食品茶叶、有机茶并称茶叶的"三品一标"。

S
什么是地理标志产品？

根据 GB/T 17924—2008《地理标志产品 标准通用要求》，地理标志产品是产自特定地域，所具有的质量、声誉或其他特性本质上取决于该产地的自然因素和人文因素，经审核批准以地理名称进行命名的产品。

地理标志产品包括：①来自本地区的种植、养殖产品；②原材料全部来自本地区或部分来自其他地区，并在本地区按照特定工艺生产和加工的产品。

茶叶的地理标志产品就是按照GB/T 17924—2008《地理标志产品 标准通用要求》进行生产,使用地理标志产品专用标志,依照规定进行注册登记的产品,我国目前已经颁布的茶叶地理标志产品标准约有十几种。

我国有哪些茶叶地理标志产品?

标准编号	标准名称
GB/T 18650—2008	地理标志产品　龙井茶
GB/T 18665—2008	地理标志产品　蒙山茶
GB/T 18745—2006	地理标志产品　武夷岩茶
GB/T 18862—2008	地理标志产品　杭白菊
GB/T 18957—2008	地理标志产品 洞庭(山)碧螺春茶
GB/T 19460—2008	地理标志产品 黄山毛峰茶
GB/T 19598—2006	地理标志产品 安溪铁观音
GB/T 19691—2008	地理标志产品 狗牯脑茶
GB/T 19698—2008	地理标志产品 太平猴魁茶
GB/T 20354—2006	地理标志产品 安吉白茶
GB/T 20360—2006	地理标志产品 乌牛早茶
GB/T 20605—2006	地理标志产品 雨花茶
GB/T 21003—2007	地理标志产品 庐山云雾茶
GB/T 22109—2008	地理标志产品 政和白茶
GB/T 22111—2008	地理标志产品 普洱茶
GB/T 22737—2008	地理标志产品 信阳毛尖茶
GB/T 24710—2009	地理标志产品 坦洋工夫
GB/T 26530—2011	地理标志产品 崂山绿茶

饮茶

茶叶科学饮用的知识

茶叶中有哪些保健和疗效成分？喝茶能减肥吗？四季喝茶有什么讲究？这一章，我们带您一起来了解茶叶科学饮用的知识。

以茗为养
体长健
——茶叶的保健功效

茶叶中有哪些
保健和疗效成分?

饮茶在我国已具有五千多年的悠久历史,足可称为"国饮"。茶叶中的化学成分很多,其中具有保健和医疗作用的化学成分主要有以下几类:

茶多酚类

茶叶特有的成分,主要由儿茶素类、黄酮类化合物等组成,味道苦涩。它具有降血脂、降血压、降血糖、防衰老、抗辐射、杀菌消炎等功效,茶叶的很多保健功能都直接或间接归功于该类物质。

咖啡碱类

茶叶中含量很高的一种生物碱,也是一种中枢神经兴奋剂,具有兴奋提神的作用。饮茶的许多功效都与咖啡碱有关,例如消除疲劳、提高工作效率、调节体温等。

维生素类

茶叶中含有丰富的维生素,其中B族维生素和维生素C含量最高。维生素B_1能维持心脏和神经的正常功能,维生素B_2可维持视网膜的正常功能,维生素B_5可预防癞皮病等皮肤病,维生素C能防治坏血病。此外,维生素E具有抗氧化作用,维生素K可促进肝脏合成凝血素。

矿物质类

茶叶中含有丰富的钾、钙、镁、锰等多种矿物质元素,大多对人体健康是有益的。其中氟的含量很高,对预防龋齿和防治老年骨质疏松有明显的效果。我国局部地区(湖北恩施和陕西紫阳)茶叶中硒的含量很高,硒具有抗癌功效。

氨基酸类

茶叶中的氨基酸约有20多种,其中茶氨酸是茶叶的特征性氨基酸,占50%以上。茶氨酸具有多方面的保健功效,如增强人体免疫机能;延缓衰老;促进神经生长和提高大脑功能,从而增强记忆力等。

脂多糖

具有增强人体非特异性免疫力、抗辐射、改善造血等功能,对防治由于辐射引起的白血球降低有良好的效果。

为什么说
喝茶可以兴奋提神？

　　自古至今，饮茶提神益思的功效一直伴随在人们的工作和生活当中。茶叶中的咖啡碱是一种中枢神经兴奋剂，具有兴奋提神的作用。其机理是认为咖啡碱可促进肾上腺体垂体的活动，并可诱导儿茶酚胺的生物合成，而儿茶酚胺具有促进兴奋的功能，对心血管系统具有强大的作用。因此当您在感到疲乏时喝上一杯茶，就能刺激大脑中枢神经兴奋，集中思考力，以达到兴奋集思的功效。但晚上喝茶可能会影响睡眠，所以应根据自身情况，合理饮茶。

为什么说
喝茶可以助消化?

茶叶中的咖啡碱和黄烷醇类化合物可以增强消化道的蠕动,有助于食物的消化,并能预防消化器官疾病的发生。因此在饭后,尤其是在摄入过量的含脂肪食品后,饮茶是很有益的。

例如,乌龙茶就具有独特的分解脂肪的能力,丰餐盛宴之后,喝浓的乌龙茶有助于把多余的脂肪分解掉,也正由于这种作用,使得乌龙茶具有减肥的功效。

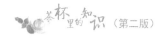

为什么说
喝茶可以明目？

　　茶叶中的很多营养成分,特别是维生素 B_1、维生素 B_2、维生素 C 及维生素 A 等,都是维持眼睛正常生理功能不可缺少的物质。因此,经常饮茶对维持眼的视力、保持眼睛的健康具有很好的作用。

维生素 A　　维生素 A 是维持眼内视网膜功能的主要成分之一,如果维生素 A 缺乏,视网膜的生理功能就会受到障碍而出现夜盲症。

维生素 B_1　　维生素 B_1 是维持视神经生理功能的营养物质,一旦缺乏可诱发视神经炎而导致视力模糊、眼睛干涩。

维生素 B_2　　维生素 B_2 是营养眼部上皮组织的物质,缺乏可引起角膜混浊、眼干、视力减退。

维生素 C　　维生素 C 是眼内晶状体的营养素,其摄取不足是导致眼内白内障的因素之一。因此,经常饮茶对维持眼的视力、保持眼睛的健康具有很好的作用。

喝茶可以起到
延缓衰老的作用吗?

　　生物机体的衰老与其体内过量的自由基的存在有很大的关系。研究表明,茶叶中的茶多酚、茶氨酸、各种维生素等都具有优异的抗氧化活性,它们能保护生物细胞免受自由基的攻击和氧化损伤,从而延缓细胞的衰老速度。有科学家建议,每人每天只要坚持喝5g～10g绿茶,持之以恒,就可以起到延缓衰老的作用。

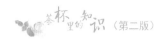

喝茶可以
预防龋齿吗?

Knowledge
龋齿是怎么形成的?

龋齿是由于残留在牙齿上的细菌分解并产生酸类,使牙齿在酸的腐蚀下脱钙而形成的。

茶叶中含有的氟化物极易与牙齿中的钙质结合,在牙齿表面形成一种难溶于酸的物质——氟化钙,对防酸、抗龋起到了一定作用,因此常用茶汤漱口可以预防龋齿。

研究认为,所有的茶叶都有含有氟化物,其中以绿茶含量最高。此外,茶叶中的茶多酚类物质具有杀菌作用,可以杀死牙缝中的细菌,也能起到保护牙齿的作用。

喝茶可以
抗癌吗?

　　从20世纪70年代后期开始,世界各国的科学家都围绕着茶叶的抗癌作用开展了大量的研究,尽管他们采用了不同的茶叶和茶叶提取物,但都得到了茶叶具有抗癌活性的结论。

　　中国预防医学科学院的研究表明:绿茶、乌龙茶的抗癌效果最明显,尤以西湖龙井、武夷岩茶的效果最佳,其次是紧压茶,第三是红茶、花茶。我国广西肿瘤防治所的研究发现,茶叶可以抑制黄曲霉素所导致的肝癌。还有临床实践证明,食道癌、胃癌患者饮用少许浓茶会感觉舒适,食物也较易通过,有缓解症状的作用,并且饮用的茶量越多食道癌的死亡率越低。

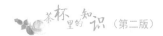

 # 喝茶可以
防止辐射损伤吗？

1962年，前苏联学者对小白鼠做体内试验，注射茶叶提取物的小白鼠经照射 γ 射线后大部分成活，而不注射茶叶提取物的小白鼠经照射 γ 射线后则大都死亡，同时还发现茶叶提取物对造血功能有明显的保护作用。第二次世界大战日本广岛原子弹的受害者中，凡是长期饮茶的人受辐射损伤的程度较轻，存活率也较高。1973年前后，国内的研究也证明，茶叶提取物可防止因辐射损伤而造成的白细胞下降，有利于造血功能的正常化，具有升白效果。

茶叶防辐射作用的主要物质是茶多酚类、脂多糖、维生素C、维生素E、胱氨酸、半胱氨酸、维生素B类等，尽管茶叶防止辐射损伤的机理还有待深入的研究，但很多动物试验和临床效果都表明了茶叶具有防止辐射损伤的作用。

喝茶可以减轻
重金属对人体的危害吗?

　　食品和饮用水中有时因为污染而含有过量的重金属(如铜、铅、汞、镉等),会对人体产生毒害作用。如过量摄入铅会降低人体的免疫力和缩短寿命;过量摄入汞会损害人的肾脏和神经系统;而镉会损害人的骨骼从而导致一系列慢性疾病。实验证明,茶叶中的茶多酚类物质对重金属具有较强的吸附作用,因此多喝茶可以减轻重金属对人体的危害。

喝茶可以减轻
吸烟对人体的危害吗？

吸烟对人体健康有害无利。香烟中的尼古丁被人体吸收后会使血管收缩，从而影响血液循环并减少氧气的供应，最终导致血压上升；吸烟还会引起动脉硬化，使人体内的维生素C含量下降。

因此，吸烟者喝茶（尤其是绿茶）可以补充维生素C，起到强化血管的作用。此外，香烟烟雾中含有苯并芘等多种化学致癌物，这些物质具有遗传毒性，而绿茶提取物能抑制苯并芘等致癌物的形成。在香烟的过滤嘴中加入茶叶提取物，可以降低香烟烟雾对人体的危害。

喝茶
能减肥吗?

　　茶叶中含有的咖啡碱、肌醇、维生素等多种成分能促进胃液分泌,调节脂肪代谢,因此喝茶可以减肥。

　　日本对中国乌龙茶进行的临床试验表明,常饮乌龙茶能减少血液中的胆固醇和中性脂肪,有降低血压、防止冠心病和消肥减胖的作用。

　　法国的研究证明,常饮云南沱茶有减肥健美作用。
　　临床试验还证实,常饮花茶对40岁~50岁的人群有明显的减重效果,对其他年龄段的人群也有不同程度的作用。

浓茶漱口
对口腔溃疡有何辅助疗效？

口腔溃疡往往会反复发作,病因至今还不是很清楚,也没有特效的治疗方法。但浓茶漱口对口腔溃疡有一定的辅助疗效,原因如下:

茶能降火

李时珍在《本朝纲目》中写道:"茶苦而寒,最能降火……火为百病,火降,则上清矣。"中医认为苦寒降火,茶叶中的茶多酚类等有苦味,还具有收敛作用,能促进口腔溃疡面的愈合。

茶能杀菌

将霍乱杆菌、大肠杆菌、伤寒杆菌等放在浓茶中浸泡几分钟,多数将失去活力,这是因为茶多酚类能使细菌的蛋白质凝固,从而起到消毒杀菌、促进伤口愈合的作用。

茶中维生素的作用

茶叶中的维生素C具有抗坏血病作用,也能促进伤口愈合。维生素B_2能防治各类炎症,还有维生素P、维生素K等,这些维生素对口腔溃疡面的康复均有一定程度的辅助作用。

什么是富硒茶，
富硒茶有什么功效？

什么是富硒茶？

根据NY/T 600—2002《富硒茶》中的定义，富硒茶是采用在富硒区土壤上生长的茶树新梢的芽、叶、嫩茎，经过加工制成的，可供直接饮用的，含硒量符合标准规定范围内的茶叶。

富硒茶主要是强调硒的含量必须达到NY/T 600—2002《富硒茶》的标准要求，即硒含量在0.25mg/kg～4.00mg/kg范围之内，此外富硒茶的感官品质和理化指标均应符合各类茶叶相应标准要求。我国富硒茶的主要产地有湖北恩施和陕西安康，左图为湖北恩施的富硒茶园。

硒是一种对人体有益的矿质元素。它具有抗氧化活性，能提高人体免疫力。科学研究证明，硒对结肠癌、皮肤癌、肝癌、乳腺癌等多种癌症也具有明显的抑制和防护的作用。如果体内缺乏硒元素，容易罹患克山病，大骨节病等疾病。因此，富硒茶不仅具有茶叶的一般功效，更在防癌抗癌、抗衰老、增强免疫力等方面更胜一筹。长期饮用富硒茶能预防硒元素缺乏引起的各种疾病。

饮茶有益
需得法
——饮茶的讲究和禁忌

盛夏喝
热茶好吗?

夏季气温高,不少人觉得喝冷饮才解渴爽口,但是中华传统中医学认为,热茶才是最佳的解暑饮料。

Knowledge
热茶为何解暑?

1 喝热茶能促进汗腺的分泌,使大量的水分通过皮肤表面的毛孔渗出体外并得以挥发,因而起到清热凉身、消暑解渴的作用。

2 茶汤中含有的茶多酚、糖类、氨基酸等物质会与唾液发生反应,使口腔得以滋润,产生清凉的感觉。

3 茶叶中的咖啡碱能刺激肾脏,促进排泄,从而使热量和污物排出,达到降低体温的目的。

常喝茶会影响
牙齿的洁白吗?

在日常生活中我们常常发现泡茶的茶具会结有一层棕褐色的
"茶锈",有时较难去除,那么常喝茶是否也会在洁白的牙齿上结上一
层"茶锈"呢?

"茶锈"主要是茶叶中的茶多酚类物质
在空气中氧化后生成的棕色胶状物,而且茶
叶所含的胡萝卜素、氟化物也能促进茶锈的
生成。喝浓茶时因为茶多酚类物质较多,易
粘附在牙齿上,所以牙会变黄。喝茶后我们
要注意刷牙和漱口,以去除这些物质。而喝
淡茶一般不会影响牙齿的洁白。

四季喝茶
有什么讲究？

一年四季，气候变化不一，不但寒暑有别，而且干湿各异。在这种情况下，人的生理需求是各不相同的。因此，从人的生理需求出发，结合茶的品性特点，最好能做到四季选择不同的茶叶饮用，使饮茶达到更高的境界。

春季饮花茶

花茶清香四溢，可以祛除冬天积存在人体内的寒邪，同时促进阳气的回升。

夏季饮绿茶

绿茶性味苦寒，可以清热、消暑、解毒、止渴、强心。

秋季饮青茶

青茶不寒不热，能消除体内的余热，恢复津液和神气。

冬季饮红茶

红茶性温，可以生热暖胃，宣肺解郁。

饮茶
有什么禁忌吗?

茶虽有益,但仍需注意饮用方法,这样才能让茶有益身心,常伴左右,给我们的生活健康带来便利。

科学饮茶倡导:随泡随饮,不宜泡而久饮;茶宜兼饮,不宜偏饮;茶宜长饮,不宜间断;茶宜择时饮,不宜错时饮;茶宜淡饮,不宜浓饮……

喝茶还是有禁忌的。比如妇女在"三期"期间,不宜多饮茶并忌讳饮浓茶:

❗ 孕期

孕期少饮茶是为了避免咖啡碱对胎儿有刺激。

❗ 哺乳期

哺乳期少饮浓茶是避免影响哺乳期奶水的分泌,同时也防止咖啡碱对婴儿产生的兴奋作用。

❗ 经期

经期不饮浓茶是防止咖啡碱对神经和心血管的刺激作用而引起痛经和经血过多等。

另外,冠心病患者宜少饮茶;神经衰弱患者要节制饮茶;脾胃虚寒者不宜饮浓茶;贫血患者则要防止过量或过浓饮茶。

Knowledge
饮茶"八忌"

1 忌饮烫茶，烫茶对咽喉、食管会产生强烈刺激。

2 忌饮冷茶，冷茶会对口腔、咽喉、肠胃产生副作用。

3 忌饭前大量饮茶，这不仅容易冲淡唾液，还会影响胃液分泌，从而影响食物的消化与吸收。

4 忌饭后立即饮茶，茶中的茶多酚容易与食物中的铁、蛋白质等发生凝固作用，从而影响人体对铁和蛋白质的吸收。

5 忌饮冲泡次数过多的茶，一般茶叶在三四次冲泡后有用的物质基本上就没有了，如果继续冲泡，茶叶中的有害物质就会被浸泡出来，多饮不利于身体健康。

6 忌饮冲泡时间过久的茶，这样的茶中茶多酚、维生素和蛋白质会氧化且变质变性，而且茶汤中也会滋生细菌。

7 忌空腹饮茶，空腹饮茶会影响肺腑、刺激脾胃，有时还会造成食欲不振，消化不良。

8 忌饮浓茶，以避免过多地摄入咖啡碱、茶多酚等，刺激性过于强烈而造成人体新陈代谢失调。

你适合饮用
新绿茶吗?

　　绿茶讲究喝新,每年新绿茶上市,好喝绿茶的人都不惜花高价争先购买,以先品为快。但是最新鲜的茶叶营养成分不一定是最好的,因为采摘下来不足一个月的茶叶没有经过一段时间的放置,会含有对身体有不良影响的物质,如多酚类、醇类、醛类等。这些物质还没有被完全氧化,如果长时间喝新茶,有可能出现腹泻、腹胀等不良反应。太新鲜的茶叶对那些患有胃酸缺乏或慢性胃溃疡的患者更不适合,因为新茶会刺激胃黏膜,产生肠胃不适,甚至会加重病情。所以消费者买回家的新茶要存放半个月才能喝,这样既可将新炒绿茶的化学成分转化,避免伤胃,同时还能去除新茶的青草味。

茶杯里的知识（第二版）

用保温杯
泡茶好不好？

有人喜欢用保温杯泡茶，以保持其温度，这是一种非常不可取的泡茶方法。茶叶中含有丰富的茶多酚、氨基酸、维生素等保健成分，用热水冲泡时，大量的有益成分会溶解在水中，使茶汤既产生一种芳香气味，又带有鲜爽浓醇的滋味，可以说是恰到好处。而用保温杯泡茶，由于温度一直保持很高，芳香物质会很快挥发掉，失去气味。高温还会使茶多酚等过多地溶解在茶汤中，使茶汤色浓，滋味苦涩。此外，由于大多数维生素都不耐高温，长时间高温浸泡会使维生素损失较大。

泡茶不宜使用保温杯，但可以使用紫砂壶。紫砂壶的保温效果好，也能保持茶香的浓郁。将茶叶用紫砂壶泡好，再把泡好的茶汤倒入保温杯中，这样既能较长时间保温，又能避免保温杯泡茶的不良效果。

品茶

品出文化味儿

什么是茶文化？茶艺和茶道有什么不同？饮茶起源于哪里？茶叶的冲泡程序有哪些？这一章，我们带您一起来品茶品出"文化味儿"。

茶味清香
意韵浓
——了解中国茶文化

 ## 什么是
茶文化?

什么是茶文化呢?茶文化有广义和狭义两种理解。

*K*nowledge
何谓广义茶文化?

广义上的茶文化是指与茶相关的一切知识,人类从茶的生产到饮用的全部活动过程以及在此过程中所创造的物质和精神财富。

*K*nowledge
何谓狭义茶文化?

狭义上的茶文化是中国历代文人(包括儒、释、道三家)对茶固有精神属性的发掘、感悟和发扬,包括茶俗、茶规、茶艺、茶德、茶诗、茶画、茶书、茶文、茶具等,专指精神财富部分。

什么是
茶学？

茶学是研究茶的栽培、育种、保护、生理、生态、生化、加工、利用、审评、检验、经营、贸易、历史和文化的学科。

中国现代茶学的建立始于20世纪30年代～40年代，开创者为"当代茶圣"吴觉农和著名茶学家王泽农、庄晚芳、陈椽、胡浩川等人。

茶艺和茶道
有什么不同？

很多人常混淆茶艺和茶道的概念，认为二者是同义词。其实，茶艺和茶道的内涵和外延均有所不同。

茶艺

茶艺是茶艺师与品茶者使品茶由物质层面上升到精神层面的活动过程的总称，包括选茶、择水、配具、冲泡、品饮和感悟等，重在获得审美享受。

茶道

茶道是茶人在饮茶活动中以茶证道和以茶悟道的结合，是茶文化的核心，是品茶所追求的终极目标，重在通过茶艺修身养性、参悟大道。

什么是名茶?

　　名茶是茶中珍品，是由优越的自然条件、优良的茶树品种、精细的采摘方法和精湛的加工工艺相结合而形成的。其品质优异，风韵独特，色香味形俱佳，有一定的艺术性和饮用价值，在市场上享有较高声誉，为消费者所喜爱。

　　名茶的形成一般要具备4个条件：

良好的生态环境

　　有利于鲜叶中有效成分的形成和积累。

优良的茶树品种

　　茶树芽叶的性状和有效成分的含量是名茶品质形成的物质基础。

严格的采摘标准

　　一般要求一芽一叶或一芽二叶初展采摘，而且芽叶均匀。

精湛的加工工艺

　　能形成独特风格的外形和内质。

十大名茶
都包括哪些？

　　我国的十大名茶目前说法不一,众说纷纭。1959年全国"十大名茶"评比会评选的十大名茶为:西湖龙井、洞庭碧螺春、黄山毛峰、庐山云雾茶、六安瓜片、君山银针、信阳毛尖、武夷岩茶、安溪铁观音、祁门红茶。

西湖龙井

洞庭碧螺春

黄山毛峰

信阳毛尖

另外，1996年5月5日《中国食品报》登出的十大名茶为：西湖龙井、黄山毛峰、碧螺春、君山银针、安溪铁观音、信阳毛尖、祁门红茶、武夷岩茶、六安瓜片、都匀毛尖。

2001年3月26日美国联合通讯社和《纽约日报》同时公布的十大名茶为：西湖龙井、黄山毛峰、洞庭碧螺春、蒙顶甘露、信阳毛尖、都匀毛尖、庐山云雾茶、六安瓜片、安溪铁观音、银毫茉莉花。

安溪铁观音

蒙顶甘露

六安瓜片

神农食茶
传千古
——中国茶的起源与发展

饮茶
起源于哪里？

唐代陆羽在《茶经》中写道："茶之为饮,发乎神农氏"。神农尝百草,日遇七十二毒,得茶而解之。对于中国饮茶起源最普遍的说法是:神农在野外以釜锅煮水时,刚好有几片叶子飘进锅中,煮好的水色泽微黄,喝入口中生津止渴、提神醒脑,神农以过去尝百草的经验判断它是一种药物。

我国关于茶的
历史记载和专著有哪些？

　　《尔雅》是我国以"茶"字明确表示"茶"字意义的最早的一部字书（约公元前2世纪秦汉间成书），其中记有"槚，苦茶"，这是目前为止我国发现的有关茶叶最早的文字记载。

　　公元前2世纪，西汉的司马相如在其所著的《凡将篇》中记录了当时的20种药物，其中的"荈诧"就是茶。

　　唐代陆羽所著的《茶经》是我国历史上第一部茶学专著。陆羽（733年～804年）一生嗜茶，精于茶道，被誉为"茶仙"，奉为"茶圣"，祀为"茶神"。《茶经》全书共10章，其内容为：茶之源、茶之具、茶之造、茶之器、茶之煮、茶之饮、茶之事、茶之出、茶之略、茶之图。《茶经》系统地叙述了茶的名称、用字、茶树形态、生长习性、生态环境以及种植要点；阐明了茶叶对人的生理和药理功效；论述了茶叶的采摘、制造、烹煮和饮用方法；描述了所使用的器具、茶叶的种类和品质的鉴别；搜集了我国古代有关茶事的记载；指出了中唐时期我国茶叶的产地和品质等，是我国历史上第一本关于茶叶的百科全书，也是世界上第一部茶学专著。

彭曦小楷《茶经》

我国
有哪些茶谚？

茶谚是关于茶叶饮用和生产经验的概括和表述,通过谚语的形式和口传心记的办法保存和流传,是我国茶文化发展过程中派生的又一文化现象。唐代苏广的《十六汤品》有云:"谚曰,茶瓶用瓦,如乘折脚骏马登高。"这是最早有关茶谚的记载。

茶树种植谚语

千茶万桐,一世不穷,千茶万桑,万事兴旺。

茶园管理谚语

若要春茶好,春山开得早,若要茶树好,铺草不可少。

茶叶采摘谚语

割不尽的麻,采不尽的茶,稻时无破箩,茶时无太婆。

茶叶制作谚语

抛闷结合,多抛少闷,嫩叶老杀,老叶嫩杀。

茶叶储藏谚语

贮藏好,无价宝,茶是草,箬是宝。

什么是茶马古道?

　　茶马古道是以马等为主要交通工具的马帮进行民间商贸的通道,也是中国西南民族经济文化交流的走廊。

　　茶马古道主要分南、北两条,即滇藏道和川藏道。滇藏道起自云南西部洱海一带产茶区,经丽江、中甸、德钦、芒康、察雅至昌都,再由昌都通往西藏地区。川藏道则以今四川雅安一带产茶区为起点,进入康定后又分成南、北两条支线:北线是从康定向北,经道孚、炉霍、甘孜、德格、江达、抵达昌都(即今川藏公路的北线),再由昌都通往西藏地区;南线则是从康定向南,经雅江、理塘、巴塘、芒康、左贡至昌都,再由昌都通向西藏地区。

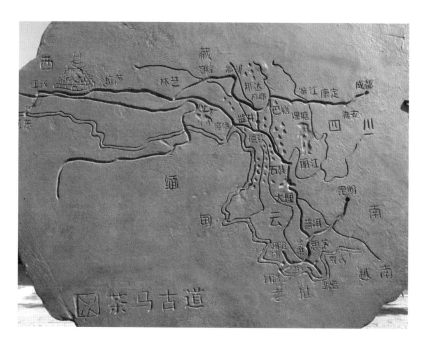

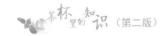

中国茶是如何
传到国外的?

中国茶传到国外大体可分为陆路和海路两条线。

陆路主要是以山西为枢纽,向北穿越蒙古高原、西伯利亚转往欧洲,或经由山西、甘肃、新疆输往印度、阿富汗,再通过波斯,到达地中海沿岸国家。

海路主要是经由广州、泉州、明州等古代对外通商港口,穿过南海,绕过马来半岛,经印度洋、波斯湾和红海转往西亚、非洲和欧洲等地。

我国饮茶的发展与
佛教、道教有什么关系？

我国自古就有"茶禅一味"的说法。佛教徒修身生活中最重要的就是坐禅，坐禅需要静心、敛心，集中思维，专注一境，以达到身心"轻安"的状态。坐禅姿势必须端正，头正背直，不动不摇，不委不倚，更不能卧床睡眠。坐禅通常达3个月之久，极易疲倦而昏然欲睡，于是具有提神益思、驱除睡魔、生津止渴、消除疲劳等功效的茶叶便成为佛教徒们最理想的饮料。

唐宋以后，佛教中的禅宗迅速发展，禅宗以坐禅方式彻悟心性，当时的禅师们十分讲究饮茶，并影响到了民间。所以说，佛教推动了饮茶之风在全国的普及，对植茶圃、建茶山做出了贡献，创造了饮茶意境，对我国茶道向外传播也起到了重要的作用。

元代初，道教全真派盛极一时，名山胜境宫观林立。这些宫观大多与郁郁葱葱的茶园紧密相连，于是种茶、制茶、创制名茶、品茗议道便成了道士们生活中的一部分。茶的特殊功效和饮茶的独特情趣，又促进了道士们以茶作为祈祷、祭祀、斋戒乃至驱鬼捉妖的供品，并以茶作为修炼、祈求长生不老的手段，使茶与道教互为影响和推动。因此道教对饮茶文化的传播与发展起到了不可磨灭的作用。

梅香深沁
雪煎茶
——泡茶饮茶的习俗与讲究

如何选择
泡茶用水?

中国人历来讲究泡茶用水的选择。唐代陆羽在《茶经》中指出："其水,用山水上,江水中,井水下"。明代许次纾在《茶疏》中指出："精茗蕴香,借水而发,无水不可与论茶也"。

泡茶所用山水、江水和井水

实验证明：水质不同，冲泡后的茶叶色、香、味均相差很大。如果水中含铁离子多，茶汤则色泽发黑；水中含钠离子多，茶汤则滋味变咸；水中含硫离子多，茶汤则味涩；水中含镁离子多，茶汤则味变淡。

　　如今在我们的日常生活中，大都是选取自来水泡茶，凡是符合国家饮用水标准的生活饮用水都可以用来泡茶。但应注意自来水有软水和硬水之分，软水泡茶香高味醇，硬水泡茶则有损茶的纯洁本色。硬水的主要成分是碳酸氢钙和碳酸氢镁，一经高温煮沸就会立即分解沉淀，使硬水变为软水，因此只要煮水适度，泡茶得法，也同样能泡出一杯好茶，也可选用净水器来净化自来水。此外，自来水中有时会含有氯，最简单的方法是将自来水贮存在容器中，静置一昼夜，待水中的氯气大部分挥发后再煮沸泡茶较好。

什么是 泡茶"三要素"？

要泡出一杯色、香、味俱佳的好茶，还应掌握好泡茶技术。泡茶技术包括3个要素：第一是茶叶用量，第二是泡茶水温，第三是冲泡时间和次数。

茶叶用量

要泡好一杯（壶）茶，首先要掌握好茶叶的用量。虽然每次茶叶用量的多少没有统一的标准，但可根据茶叶种类、茶具大小以及消费者的饮用习惯而定。茶叶用量的多少关键是掌握茶与水的比例，茶多水少，则味浓；茶少水多，则味淡。一般红茶和绿茶，茶与水的比例在1∶50～1∶60之间，即放3g左右的茶叶，加入150mL～200mL的热水。普洱茶冲泡则一般放5g～10g左右的茶叶。茶叶用量最多的是乌龙茶，每次投入量几乎为茶壶容积的一半甚至更多。

泡茶水温

泡茶水温与茶叶中有效成分在水中的溶解度呈正相关,水温越高,溶解度越大,茶汤就越浓;水温越低,溶解度越小,茶汤就越淡。选择泡茶水温主要由茶叶的种类决定,例如高级绿茶(特别是芽叶细嫩的名茶)一般泡茶水温在80℃左右(水烧开后再冷却至所要求的温度)。茶叶越嫩绿,冲泡的水温越要低,泡出的茶汤才能嫩绿明亮,滋味鲜爽,维生素C的损失也少,而高温易使茶汤变黄,滋味较苦,维生素C损失也多。泡饮各种花茶、红茶和中低挡的绿茶,则用100℃的沸水冲泡,水温太低,茶中有效成分浸出较少,茶味淡薄。乌龙茶、普洱茶和沱茶因为每次茶叶用量较多,且茶叶较粗老,必须用100℃的滚沸开水冲泡,有时为了保持和提高水温还要在冲泡前用开水烫热茶具,冲泡后在壶外浇淋开水。饮用茶砖则要求水温更高,一般是将砖茶敲碎后放在锅中熬煮。

冲泡时间和次数

茶叶冲泡的时间和次数与茶叶种类、泡茶水温、用茶数量和饮茶习惯等都有关系。一般红茶和绿茶冲泡4min~5min即可饮用,也可先倒入少量开水(以浸没茶叶为度)泡3 min左右,再倒入开水至七八成满,趁热饮用。当杯中剩余三分之一左右茶汤时,再加开水,这样可使前后茶汤浓度比较均匀。一般茶叶泡第1次时,有效成分能浸出50%~55%;泡第2次能浸出30%左右;泡第3次能浸出10%左右;泡第4次则所剩无几了。所以茶叶通常冲泡3次为宜。

茶叶的冲泡程序
有哪些?

茶叶的冲泡程序可繁可简,要根据具体情况而定。一般而言,"品茶"的冲泡程序十分讲究;"评茶"的冲泡程序有严格的规定;而"喝茶"的冲泡程序则最为简单。

品茶

"品茶"是欣赏和品饮茶叶的过程,我国许多名茶本身就是特殊的工艺品,色、香、味、形丰富多彩,品茶的整个过程都是一种高雅的艺术享受,因而对茶叶的冲泡程序也十分地讲究。

评茶

"评茶",又称"茶叶审评",是评审茶叶质量和等级的过程。评茶的一般顺序是看外形——嗅香气——评汤色——尝滋味——看叶底,对茶叶的冲泡程序也就有着较严格的规定。

喝茶

"喝茶"的主要目是为了解渴和帮助消化等,是日常生活的一种需要,其冲泡程序相对来说也就比较简单,通常是备茶——备水——备具——冲泡——饮用。

中国茶礼
涉及哪些方面?

自古以来,茶在我国的礼仪中应用很广,概括起来主要有以下几个方面:

敬神

我国民间常在客堂或灶间用清茶四果或"三茶六酒"供奉他们所信奉的神像,由于清茶洁净、无荤腥,因而敬茶往往被认为是对神最虔敬的方式。

丧葬祭祖

早在三千年前,周武王就规定祭祖大礼要俭朴,可以用茶祭祖,继而这种习俗保留至今。

婚庆喜事

我国许多地方都以茶作为聘礼之一,很多城市的青年结婚时也喜欢用高级茶叶招待客人。

待客送礼

"一杯春露暂留客,两腋清风几欲仙"。客来敬茶是我国传统的礼节,以茶作为礼品也是我国的习俗。春茶上市时,不远千里送香茶,寄托思念;探亲访友时,携上茶叶更为常事。

茶礼所表达的精神主要是秩序、仁爱、敬意与友谊。现代茶礼可以说是把仪程简约化、活泼化,而"礼"的精神却加强了。无论是大型的茶话会还是客来敬茶的"小礼",都表现出中华民族好礼的精神。

国内外的饮茶风习都有哪些类型？

综观国内外饮茶风习的演变，尽管千姿百态，但是若以茶与佐料、饮茶环境等作为基点，则当今饮茶风习主要有如下3种类型。

讲求清雅怡和

茶叶冲以煮沸的清水，顺乎自然。清饮雅尝，寻求茶的固有之味，重在意境，这与我国古老的"清静"传统思想相吻合。我国江南的绿茶、北方的茉莉花茶、西南的普洱茶、闽粤一带的乌龙茶以及日本蒸青绿茶的品饮均属清饮之列。

讲求兼有佐料风味

其特点是烹茶时添加各种佐料。如欧美的牛乳红茶、柠檬红茶、多味茶、香料茶等；西北非的薄荷绿茶；我国边陲的酥油茶、盐巴茶，侗族的打油茶以及土家族的擂茶等都兼有佐料的特殊风味。

讲求多种享受

饮茶者除品尝茶的韵味外，在饮茶时还配以佐料，备以美点，伴以歌舞、音乐、戏曲、书画等，是一种多层次、多形式的美好享受。如以我国著名作家老舍命名并按他的力作《茶馆》格局建造的北京"老舍茶馆"，就是集各类名茶、风味食品、传统艺术、名家书画于一堂，体现了悠闲、典雅、古朴、精萃的饮茶文化。

随着社会生活的改变，人们生活节奏的加快，饮茶风习孕育着新的发展趋势。比如近几年来，以讲求"简便""快速"为特点的速溶茶、冰茶、液体茶以及各类袋泡茶等饮茶风习也应运而生。

老舍茶馆

中国的饮茶习俗有哪些？

中国饮茶历史最早，所以最懂得饮茶的真趣。"客来时，饮杯茶，能增进情谊；口干时，饮杯茶，能润喉生津；疲劳时，饮杯茶，能舒筋消累；空暇时，饮杯茶，能耳鼻生香；心烦时，饮杯茶，能静心清神；滞食时，饮杯茶，能消食去腻。""以茶待客""用茶代酒"历来是中国人民的传统礼俗。

"千里不同风，百里不同俗"。我国是一个多民族的国家，由于各兄弟民族所处地理环境不同，历史文化有别，生活风俗各异，因此饮茶习俗也各有千秋，方式多种多样。不过，把饮茶看作是一种养性健身的手段和促进人际关系的纽带，在这一点上是共通的。

客来敬茶
的习俗是怎么来的？

　　客来敬茶是我们的传统礼仪，大概起源于晋代。刘义庆《世说新语》中有王濛饮茶一则："司徒长史王濛好饮茶，人至辄命饮之，士大夫皆患之，每欲往候，必云：今日有水厄。"说明晋代已开始用茶来招待客人，只是当时许多人还不习惯饮茶，未形成普遍的礼仪。随着茶叶生产的发展和饮茶的普及，尤其到了唐宋，茶道大行，客来敬茶逐成习俗。